乡村景观规划设计研究

方 聪 孙海燕 邓艺杰 著

東北林業大學出版社
Northeast Forestry University Press
·哈尔滨·

图书在版编目（CIP）数据

乡村景观规划设计研究/方聪,孙海燕,邓艺杰著
.--哈尔滨:东北林业大学出版社，2023.12

ISBN 978-7-5674-3413-4

Ⅰ.①乡…Ⅱ.①方…②孙…③邓…Ⅲ.①乡村规划－景观规划–景观设计－研究–中国Ⅳ.①TU986

中国国家版本馆CIP数据核字(2024)第013611号

责任编辑：刘天杰
封面设计：海图航轩
封面设计：哈尔滨东北林业大学出版社
（哈尔滨市香坊区哈平六道街6号邮编：150040）
印　　刷：北京四海锦诚印刷技术有限公司
规　　格：185mm x 260mm　　1/16
印　　张：10.25
字　　数：241千字
版　　次：2024年5月第1版
印　　次：2024年5月第1次印刷
定　　价：60.00元

前　言

乡村景观的建设是一项诸多因素交融的系统性建设工程，涵盖多学科，涉及多领域。在乡村景观建设过程中，加强乡土文化的传承和保护，并将乡土文化元素融入乡村景观的建设之中，对于建设地域特色的乡村景观具有重要的作用；现代农业的发展推动了科技农业、绿色农业、观光农业的发展，也带动了乡村观光园、生态园等一系列乡村旅游景观的建设；城镇化进程的加快，推动了一大批新农村住宅和新型的乡村社区的建设，使乡村聚落景观的面貌也发生了巨大改变；对于今天建设以人为本的绿色生态景观仍具有重要的借鉴作用。

本书是以风景规划为依托，对乡村景观规划与设计进行研究，以期保护乡村景观的完整性和地方文化特性。本书从乡村景观及规划的基本理论入手，对影响乡村景观规划的因素、我国乡村未来的发展趋势等进行了分析，并探讨乡村农业、居住区等景观规划的方法及应用，挖掘乡村景观的资源价值，改善和恢复乡村的生态环境，营造美好的乡村生活环境。

本书采用理论分析与具体实践讨论相结合的方法，总结了乡村生态规划的内容及发展趋势，并结合美丽建设的新理念，提出了如何开发利用不同乡村景观设施的意见与策略，着重强调了加强生态乡村建设的意义和作用，以期为建设乡村别致景观提供帮助。本书适合研究乡村景观规划的人员参考，可以作为学习乡村景观规划的学习用书。

课题：广西教育科学“十四五”规划2023年度课题《探索高职环境设计教育资源服务桂西乡村振兴的机理与路径》（立项编号:2023C650）。

由于作者水平有限，写作的时间较为仓促，难免有疏漏之处，敬请各位专家、学者及同行及时提出修改意见或建议，以便进一步修正，以臻完善。

目　录

第一章　基于生态理念的乡村规划背景

第一节　乡村规划的宏观背景

中央一号文件与以往以“三农”为主题的一号文件不同，首次提出“推动新农村建设”，力求对“三农”进行全方位的支持。十八大进一步将生态文明引人“五位一体”的社会主义建设总布局，描绘出一幅“美丽中国”“美丽乡村”的和美画卷。《国家新型城镇化规划》指出：“我国已进入全面建成小康社会的决定性阶段，正处于经济转型升级、加快推进社会主义现代化的重要时期，也处于城镇化深入发展的关键时期。”正是由于处在当前特殊的历史阶段，《中共中央关于制定国民经济和社会发展第十三个五年规划的建议》对“十三五”时期的核心建设目标予以明确，即“全面建成小康社会”。习近平总书记在十九大报告中，首度提出了“实施乡村振兴战略”，这是决胜全面建成小康社会、全面建设社会主义现代化强国的一项重大战略任务。当前，城乡二元结构仍是制约城乡发展一体化、全面建成小康社会的主要障碍。因此，未来中央的工作重心仍将会放在“三农”问题的解决上。正如习近平总书记所指出，“我国城乡发展不平衡不协调的矛盾依然比较突出，加快推进城乡发展一体化意义更加凸显、要求更加紧迫。”

美丽中国突出强调了今后的发展建设须树立尊重自然、顺应自然、保护自然的生态文明理念。在美丽中国理念的指导下，中央一号文件第一次明确提出了建设“美丽乡村”的奋斗目标. 以加强农村生态建设、环境保护和综合整治，“中国要强，农业必须强；中国要美，农村必须美；中国要富，农民必须富”成为发展共识。建设美丽中国的重点和难点在乡村，美丽乡村建设既是美丽中国建设的基础和前提，也是推进生态文明建设和提升社会主义新农村建设的新工程、新载体。在这样的背景下，美丽乡村规划成为统筹城乡发展、改变乡村面貌、促进乡村转型发展的重要举措。

第二节　乡村规划的法律体系

为约束乡村发展规划行为，规范乡村规划的编制、管理、实施，进而系统促进乡村建设发展，我国已基本构建起乡村规划建设的法律规范。《村庄和集镇规划建设管理条例》的颁布，标志着乡村规划开始进入规范发展和法治化建设阶段。全国人大常委会议通过了《中华人民共和国城乡规划法》，至此结束了城乡二元的规划体制，乡村规划正式成为法定规划。为进一步规范指导乡村的规划建设，住房和城乡建设部及相关部门陆续颁发了《县域村镇体系规划编制暂行办法》《镇（乡）域规划导则（试行）》《村庄整治规划编制办法》《美丽乡村建设指南》等规范性文件，以及《村庄整治技术规范》作为乡村规划编制的国家标准。各省、自治区、直辖市政府，皆颁布有地方性法规文件和技术标准，以规范指导当地的乡村规划建设。如表 1-1、表 1-2 所示。

表 1-1　乡村规划和建设的法律法规参考表

法律	《中华人民共和国城乡规划法》 《中华人民共和国环境保护法》 《中华人民共和国建筑法》 《中华人民共和国土地管理法》
行政法规	《村庄和集镇建设管理条例》 《建设项目环境保护管理条例》 《基本农田保护条例》 《城镇排水与污水处理条例》 《历史文化名城名镇名村保护条例》
部门规章和规范性文件	《县域村镇体系规划编制暂行办法》 《镇乡域规划导则（试行）》 《村庄整治规划编制办法》 《城镇污水排人排水管网许可管理办法》 《城乡规划违法违纪行为处分办法》 《城市、镇控制性详细规划编制审批办法》
国家标准	《村庄整治技术规范》 《村庄规划标准》 《美丽乡村建设指南》 《镇规划标准》

表 1-2　各省村庄规划建设指导文件及技术标准一览表

地名	村庄规划建设指导文件	技术标准
北京市	《北京市村庄规划建设管理指导意见》	《北京市农村社区建设指导标准》
天津市	《天津市村镇规划建设管理规定》	《天津市生态文明村规划建设导则》
河北省	《河北省村镇规划建设管理条例》	《河北省农村社区建设标准》
山西省	《山西省村庄和集镇规划建设管理实施办法》	《山西省村庄建设规划编制导则》
内蒙古自治区	《内蒙古自治区村庄和集镇规划建设管理实施办法》	《内蒙古自治区新农村新牧区规划编制导则》
辽宁省	《辽宁省村庄和集镇规划建设管理办法》	《辽宁省村庄环境治理规划编制技术导则》
吉林省	《吉林省村镇规划建设管理条例》	《吉林省村庄规划编制技术导则》

续表

地名	村庄规划建设指导文件	技术标准
黑龙江省	《黑龙江省乡村建设管理办法》	《黑龙江省村庄环境综合整治规划技术导则》
上海市	《上海市农村村民住房建设管理办法》	《上海市村庄规划编制导则》
江苏省	《江苏省村镇规划建设管理条例》	《江苏省村庄建设规划导则》
浙江省	《浙江省村镇规划建设管理条例》	《浙江省村庄规划编制导则》
安徽省	《安徽省村镇规划建设管理条例》	《安徽省村庄整治技术导则》
福建省	《福建省村镇建设管理条例》	《福建省村庄规划编制技术导则》
江西省	《江西省村镇规划建设管理条例》	《江西省村庄建设规划技术导则》
山东省	《山东省村庄和集镇规划建设管理条例》	《山东省农村新型社区建设技术导则》
河南省	《河南省村庄和集镇规划建设管理条例》	《河南省新型农村社区规划建设导则》
湖北省	《湖北省村庄和集镇规划建设管理办法》	《湖北省村庄规划编制导则》
湖南省	《湖南省村庄和集镇规划建设管理办法》	《湖南省新农村建设村庄布局规划导则》
广东省	《广东省乡（镇）村规划建设管理规定》	《广东省村庄整治规划编制引导》
广西壮族自治区	《广西壮族自治区村庄和集镇规划建设管理条例》	《广西壮族自治区村庄规划编制技术导则》
海南省	《海南省村镇规划建设管理条例》	《海南省村庄规划编制技术导则》
重庆市	《重庆市村镇规划建设管理条例》	《重庆市村级规划编制导则》
四川省	《四川省村镇规划建设管理条例》	《四川省新农村综合体建设规划编制办法和技术导则》
贵州省	《贵州省村庄和集镇规划建设管理条例》	《贵州社会主义新农村建设村庄整治技术导则》
云南省	《云南省村庄和建设管理实施办法》	《云南省新农村建设村庄整治技术导则》
西藏14治区	《西藏自治区村庄规划建设指导性意见》	《西藏自治区村庄规划技术导则》
陕西省	《陕西省农村村庄规划建设条例》	《陕两省新型农村社区建设规划编制技术导则》
甘肃省	《甘肃省村庄和集镇规划建设管理条例》	《甘肃省新农村建设规划导则》
宁夏回族A治区	《宁夏回族自治区村庄和集镇规划管现实施办法》	《宁夏回族自治区村庄规划编制导则》
青海省	《青海省村庄和集镇规划建设管理条例》	《青海省新型农村社区规划建设导则》

第三节　乡村建设规划的功能

中国农业大学朱启臻教授在“美丽乡村建设新常态与智慧农民培养论坛”的主题演讲中曾将乡村规划的主要功能总结为如下几点：

一、生产功能

乡村是以从事农业生产为主的劳动者聚居的地方，一般是指从事农林牧渔业为主的非都市地区，表现出农业、农村和农民的人文活动特征。而乡村诞生的根本原因是农业的产生和发展。乡村首先是农业生产的载体，乡村的存在形式契合了农业生产在空间上的需求。所以乡村的存在是为农业生产服务，乡村规划首要实现的就是生产功能。乡村建设必须有利于农业生产、农村手工业的传承和发展。按照城镇的建设思路改造乡村，不仅改变了农民发展生产和农业的初衷，而且丧失了乡村的基本功能。

二、生活功能

随着城市化进程的加快，乡村地域范围正呈现出逐渐缩小的态势，乡村作为人类与自然长久以来相互作用的产物，是除城市以外，人类生产生活的主要空间地域。乡村舒适休闲的乡土环境，能够缓解城市环境带给人们的压力，随着城市病的出现，人们越来越意识到乡村的生活价值，乡村也越来越吸引都市人群去度假休闲。目前各地正在大力发展的养生养老型乡村社区就是乡村生活功能的重要体现。

在乡村规划建设时存在一定误区，一些规划师会把乡村的休闲旅游功能放到首位，忽略了当地农民的生活诉求，从可持续发展的视角来看，应首先考虑改善农民的生活条件，让农民享受幸福宜居的乡村生活。

三、生态功能

乡村是生态系统的主要组成部分，不仅有生态的理念、信仰低碳的生活方式，还有长期以来自发形成的循环利用的生态链条。目前我国乡村建设已经取得了较大的成就，但随之也给乡村生态系统带来了一系列的问题，有的农村的循环利用链条被消灭掉了，特别是种植业、养殖业之间的循环利用链条消失了，生产生活的循环链条被切断了，影响了乡村居民的健康生活、社会主义新农村建设目标的实现以及城乡社会经济的可持续发展。

以自然资源为主体的乡村生态系统高度敏感，也极度脆弱，因此在规划过程中应严格保护好原有的农田、林地、水体等传统乡村空间，避免生态平衡系统遭到破坏，通过建设生态型乡村来改善农村环境、提高农村居民生活质量，从而促进乡村的可持续发展。

四、文化传承功能

乡村的价值不仅表现在乡村的生产功能、生活功能与生态功能，也表现在乡村的文化功能上。乡村是文化的根，中国的传统文化主体是乡村文化，而乡村文化存在于乡村，其文化传承是美丽乡村建设最重要的意义。乡村文化有其不可替代的价值，是中国传统文化的重要组成部分，而乡村则是传统文化的根基所在。如果不理解乡村的文化载体意义，就会在乡村规划建设过程中破坏乡村文化。目前，有的地方在美丽乡村改造过程中不仅没有传承文化，还丢失掉乡村原有的文化，规划师不懂民族文化和乡村文化，很多规划设计都一味地参照城市规划的做法，出现“不伦不类”的蹩脚景观，失去了乡村的精神内涵。

五、文化教化功能

乡村还有一个重要的功能，就是对人的教化。它使一个自然的人变成一个对社会有用、知书达理的人。在对人的教化方面，乡村具有不可替代的作用。近年来，人们忽视了教化的作用，仅仅用教育来代替教化，同时又忽视了家庭和社会教育，把教育理解为狭义的学校教育。在很长一段时间里，把学校喻化成了升学机构，既无教育功能，更无教化功能。教化在乡村里面是通过文化来起作用的，凡是影响乡村居民行为的因素都属于乡村文化范畴。乡村的教化途径很多，教化的内容和手段也是综合的，可以通过家风、村规民约、节日习俗、农业劳动等方式来实现，这些是学校教育无法比拟的。各个地方在美丽乡村创建过程中，对教化途径进行了很多创新，如文明评选、“文明户”评选、文化墙、文化大院、文化“驻乡”、新乡贤协会等创建，促进乡村重自然、邻里和睦、家庭和谐等，弘扬尊老爱幼，为农村培养了留得住的文艺人才，对乡村文明都有着现实的促进意义。

此外，美丽乡村建设具有实践指导意义，让蕴藏大量景观资源的乡村重新挖掘出新特色，实现“一村一品，一村一韵，一村一景”。把乡土特色、地方文明和历史文脉的乡村景观传承下来，让村民重新“看得见山，望得见水，记得住乡愁”。深挖乡村特色，使乡村景观的完整性和人文特色着重体现，正确引导乡村的建设与发展，这些具有重大现实意义。

第四节　乡村规划类型

一、整治型乡村规划

整治型乡村规划主要在农村脏、乱、差问题突出的地区，其特点是农村环境基础设施建设滞后，环境污染问题严重，农民对环境整治的呼声高、反应强烈，例如广西壮族自治区恭城瑶族自治县莲花镇红岩村。整治型乡村规划重点在村容村貌整治、基础设施和公共服务设施的建设等方面进行规划建设，基本不涉及村庄搬迁和建设用地流转，其目的是通过整治项目以改善农村内部人居环境和生产条件，进而促进村庄的经济发展与社会进步。在实践过程中，该类规划虽广受村民欢迎，但也存在着项目选择、地块选址以及建设规模等不符合村庄发展需求等自上而下规划导致的典型弊端。此外，还广泛存在着因建设资金不到位、缺乏相应政策配套等问题，乡村整治规划虽编制完成，却难以实施。

二、保护型乡村规划

保护型乡村规划主要在生态优美、环境污染少的地区，其特点是自然条件优越，水资源和森林资源丰富，具有传统的田园风光和乡村特色，生态环境优势明显，把生态环境优势变为经济优势的潜力大，适宜发展生态旅游。例如浙江省安吉县山川乡高家堂村。保护型村庄规划是指对历史文化名村以及传统村落开展的专项保护规划。我国历史文化名镇名村保护始于20世纪80年代。1982年以来，国务院先后公布了国家历史文化名村276个，各省、自治区、直辖市人民政府公布的省级历史文化名镇名村已达529个。2019年4月，住房和城乡建设部、文化和旅游部、国家文物局、财政部联合启动了中国传统村落调查，调查结果表明我国现存的具有传统性质的村落近18 000个。在保护型规划中，最突出的问题是如何处理好保护与发展的关系。目前编制的许多规划，可以在技术上很好地保护历史建筑和古村落文脉，以及非物质文化遗产。但是，在保护的同时如何满足村庄居民生活现代化发展的需要，仍是没有完全解决的规划难题。正因如此，许多自上而下开展的技术性村庄保护规划实施困难。

三、新建型乡村规划

新建型乡村规划大多是地方政府以城乡建设用地增减挂钩政策为依据，以统筹城乡发展为目标而开展土地整理项目，进而兴建新型农村社区。这种模式通过农村建设用地的整理和新农村聚居点的建设，实现了农村的集中居住，农民居住条件普遍得以改善。但在后续保障方面，不同地区存在差异，致使乡村规划的实施效果也不尽相同。在该模式下，政府利用建设用地指标流转的资金，改善了农村基础设施和公共服务设施。有些地区还配套城乡社会保障一体化、就业培训、中小学师资建设等制度和政策体系的改革，并通过市场化手段建立起城乡通融的发展机制，在城乡之间建立起良性循环。但是，也存在一些地区的农村，在新居建设后，没有配套促进城乡统筹发展的机制，农村的公共服务“软件”没有跟上，使得城乡割裂和城乡对立的局面没有得到根本改善，农村依然落后。更有甚者，一些地方政府以获取建设用地为主要目标，强行推进城乡建设用地增减挂钩项目，甚至违背村民意愿进行整村拆并。农民被迫集中居住，还不得不大额度贷款建设新居，搬迁的过程意味着农民返贫的过程，在很大程度上激化了社会矛盾，并扩大城乡居民生活质量差距，加深了城乡二元结构，使农村失去了发展的活力。

第五节 乡村规划存在的问题

我国乡村景观建设经验丰富且成绩显著，到目前为止，全国有90%乡镇完成了乡镇规划，81%的小城镇和62%的村庄编制了建设规划，县域城镇体系规划编制工作基本完成。目前，各地开展美丽乡村建设基本模仿城镇化建设模式，将城镇建设样板移植到农村，导致“千村一面”情况严重，农村特色丧失、农业文化割裂。国务院农村综合改革小组办公室，对首批美丽乡村建设试点进行调查研究。当前我国美丽乡村规划建设存在的问题可归结为如下三方面。

第一，规划建设“见物不见人”。由于对美丽乡村建设本质内涵的理解不足．各个层级的政府和职能部门，在规划建设时往往只重视项目周期较短的基础设施和房屋改造等效果明显的物质性规划，且在文化、产业等“软实力”提升方面缺乏积极性和行动力。

第二，部门之间缺乏协调性。根据各地实践经验表明，美丽乡村规划建设工作涉及的部门较多，组织协调难度较大。由于缺乏统一协调的顶层设计和政策指导，现实情况通常是各部门和不同参与主体各自为营，难成合力。

第三，社会力量参与不足。许多地方在进行美丽乡村建设时，没有积极探索如何引入市场机制、如何发挥社会力量的作用，导致财政压力巨大，建设资金不足。此外，许多美丽乡村建设项目缺乏对广大村民的参与动员，没有调动起村民群众的积极性，使得部分乡村规划编制脱离实际，难以实施，即便建设落地也无法良性运营。

第四，土地利用率低下、资源配置低效。研究学者刘黎明指出，我国处于乡村景观转变期，即适应农业现代化下的乡村景观现代化策略、景观规划格局变化，在有效的资源配置下，乡村土地利用必将有改变，景观规划在大的区域要求下需要挖掘乡村景观资源价值，在这方面我国还没有形成相应的规划体系，存在很多问题。

第六节　乡村发展存在的问题

改革开放40多年来，我国取得了举世瞩目的发展成绩。在40多年的时间里，我国完成了发达国家200~300年才能实现的历史任务，虽成绩斐然，但其负面影响也不容忽视。我国在高度“时空压缩”的现代化路程中，农村在做出巨大贡献的同时，也在长期城乡二元体制的不平等对待下患上了严重的“乡村病”。乡村的产业、社会、文化、建设和管理等多领域均长期滞后于城市地区。

一、乡村经济产业方面

由于长期受城乡二元体制制约，乡村产业发展所需的基础设施、专项投入、人力资源均存在亏欠，而传统农业经济也面临着来自不断抬升的生产成本和受国际农产品市场影响而持续走低的销售价格这两方面压力的双重挤压，产业发展动力不足，由此乡村的产业面临着一定程度的衰退。

二、乡村社会人口方面

随着工业化和城镇化进程的快速推进，农村大量青壮年劳动力不断进入城市，农村留守老人、留守妇女、留守儿童三类人群的数量快速增加，总体呈现出人口主体老弱化、村庄社区空心化、农村社会持续失序等问题。

三、乡村文化方面

在城市文化的冲击下和重城轻乡理念的影响下，我国的乡村文化正处于消逝状态，传统村落和乡土特色的保护面临空前危机。

四、基础设施和基本公共服务建设方面

在乡村配置方面，一些公共基础设施和公共服务设施缺失，资源配置分配不平衡，大部分的培育提升村建设工作主要停留在“拆旧拆破、立面出新”层面，建设工作的内涵还不深入。基础设施建设大多没有同步建设、及时配套，特别是绿化、美化、亮化、污水处理、垃圾无害化处理等推进不到位。

五、环境方面

环境整洁是美丽乡村建设成效的主要指标。而要巩固环境整治的成果，却面临诸多困难。一是公共卫生保洁难。农村面广，尤其是乡村旅游发展，游客增加，这给农村保洁带来了难度；二是公共设施维护难。由于资金等各方面原因，农村环卫设施得不到及时更新和修理；三是乱搭乱建制止难。自“三改一拆”行动以来，农村乱搭乱建等违章建筑虽得到了抑制，但如长效管理机制不建立，随时会出现反弹；四是生活习惯改变难。村民虽然切身感受到村庄整治后生活环境的变化，但是其长期以来形成的生活、卫生习惯，制约了其长期保持良好环境卫生状况的意愿。

我国经济进入新常态，新型工业化、信息化、城镇化、农业现代化持续推进，农村经济社会深刻变革。我国乡村地区作为经济发展的重要贡献者，长期扮演着现代化进程中的稳定器和蓄水池角色。根据国家统计局统计数据显示，截至 2019 年底，我国的城市化率已突破 60%。处于快速城市化的特殊历史时期，乡村的社会、经济、文化、管理等各个方面皆变迁激烈，接下来一段时间的乡村发展工作，仍旧任重道远、挑战重重。

第七节　我国乡村未来的发展趋势

基于城乡一体化和新型城镇化的国家战略要求，我国的乡村建设将长期作为社会主义事业的重要内容。根据中共中央办公厅、国务院办公厅印发的《深化农村改革综合性实施方案》，未来我国农村仍将面临全面的深化改革，改革方向涉及农村集体产权制度、新型农业经营体系、农业支持保护制度、城乡一体化体制机制等方面。十九大报告提出了实施“乡村振兴战略”的总要求，即：坚持农业农村优先发展，努力做到“产业兴旺、生态宜居、乡风文明、治理有效、生活富裕。”这是在深刻认识城乡关系、变化趋势和城乡发展规律的基础上提出的重大战略。乡村不应再处于从属地位，而是应该和城市处在平等地位，与城市发展互相联系、互相促进。城市和乡村是命运共同体。

现阶段乡村功能已由传统城镇化时期单一提供农产品，拓展提升为生态保护、文化传承教化、人居环境和产品生产的复合。乡村所承载的功能越来越多，所要满足人们的需求越来越多，因而，集约高效的乡村生产空间、宜居适度的乡村生活空间和山清水秀的乡村生态空间将是未来乡村的总体面貌，“看得见青山绿水，记得住乡愁”也将会是乡村的整体特征。

在全球经济再平衡和产业格局再调整的背景下，全球供给结构和需求结构正在发生深刻变化，庞大生产能力与有限市场空间的矛盾更加突出，国际市场竞争更加激烈，我国面临产业转型升级和消化严重过剩的挑战巨大，未来的乡村经济将持续进行产业结构优化升级，新型农业经营主体会成为乡村产业发展的主体力量，并实现现代农业体系构建和一二三产融合发展。

随着乡村规划体系的不断完善，相应的乡村规划标准也将作为考察美丽乡村的标准而不断规范化。村民对于乡村有足够的话语权，乡村治理制度会不断完善。政府、村民等多元主体合作治理，为建设产业持续、社会和谐、环境宜居的乡村注入不竭动力。

综上，我国美丽乡村发展的总体趋势呈现为四点：乡村功能综合化；乡村环境绿色化；乡村经济多样化及农业现代化；乡村社会治理结构多元化。

第二章　乡土景观规划的评价原则

第一节　乡土景观评价的原则

一、审美性原则

在乡土景观的规划、设计和评价中，“审美性”原则一直是景观设计师青睐的重要准则。从环境艺术设计的角度解读，审美对象表现出的“形式”最容易为评价者所直观感受。吴家骅①将景观的“形式”界定为“所有被设计物体和空间的状态，包括物体的外观，如轮廓形态等，但又不止于此，它不是指一个静态的形象，而是一个动态平衡的结果，并且是影响着和被整个设计气氛影响的。”

当评价乡土景观时，外观的审美形式通常最显而易见，因此，很多学者纷纷从视觉感知的角度进行评价，如乡土景观的地理地貌、乡土景观的建筑样貌、乡土景观的色彩分配、乡土景观的环境结构等。在视觉评价要素中，主要包括尺度、轮廓、比例、位置、土地、植被、景物等，这些都是一些可见的视觉审美形式。除此之外，还有一些不可视的景观，如物种、植被和地理之间的生态关系，又如乡村场域中人们特有的记忆、联想、感知、触觉、听觉、体验等因素。

在中国乡土景观偏好一章，可以看出，中国的山水画和园林中多流露出“道法自然”的审美追求，这是从哲学层面对乡土景观的意蕴进行探索；从形式美的角度，根据画面和园林的景观元素分析，这些作品表现了一种“设计感”，无论是古典的、对称的、和谐的或不规则与无秩序的，它们都呈现出一种审美的品质和风格。同样，在西方古典主义和浪漫主义风景画中，也能找到大量艺术作品以该手法再现乡土景观。因此，18 世纪，“如画性”美学理论在欧洲兴起，将之与当代乡土景观评价相联系，它恰恰反映了审美性原则的重要。

20 世纪 60 年代以降，环境美学理论兴起，更加关注环境、自然、风景、景观的审美，这些核心概念大多强调视觉形式的审美；在专家学派的景观评价方法中，明确了视觉景观质量的评价标准，以形态、尺度、线形、色彩、质地、韵律等指标因素来评价乡土景观，强调奇特性、多样性、整体性的审美原则。

景观，一度被视为自然主义的图画。当代乡土景观设计的理念中，则包含了多样性、生动性和统一性的自然风格，它们运用了对比性、连续性和结构性的原则与技巧，这些乡

① 吴家骅，男，1946 年 2 月出生。同济大学本科毕业，南京工学院研究生毕业，获英国谢菲尔德大学博士学位。

土景观设计与乡土景观绘画异曲同工，展现了形式美的特征。1857年，美国景观设计师弗雷德里克·劳·奥姆斯特德（Frederick Law Olmsted）在纽约市曼哈顿的中心区域规划了举世闻名的中央公园，他以自然主义景观设计的手法将“乡村风格的景观”呈现在市民和观者面前，为公众阐释了景观之美，该设计也成为以后各个国家和地区的乡土景观规划和城市公园设计效仿的对象，它所赋予人们的是多种感知的审美，这也是乡土景观评价中审美性原则的重要所在。

评价乡土景观，有时候需要以无利害之心来审美观照，正如中央公园的设计初衷，它展现的不仅是自然的形态之美和生物多样性的特征，还包括心理情感上的快适，这种自然审美和心理审美的双重性，是衡量乡村美感的重要原则。

二、生态性原则

在乡土景观评价中，生态性是至关重要的一条原则，生态平衡直接决定了人类的生死存亡，这也是环境美学所关注的焦点。在1763~1993年这两百多年间，人类对生物圈的征服是史无前例的。但与此同时，生物圈的环境也遭到了巨大的破坏。英国历史学家阿诺德·约瑟夫·汤因比（Arnold Joseph Toynbee）在形容生物圈时说道：“毫无疑问，人类已经在生物圈上留下了他的印迹。但迄今为止，像生物圈的其他芸芸众生一样，人类仍无法超越生物圈为他提供的生存空间的限制。凡是那些试图超越生物圈所容许的生存界限的物种，都曾经使自己陷于灭种之灾。事实上，连同人类在内的一切物种，迄今为止都生活在生物圈的恩惠之下。而工业革命却使生物圈遭受了由人类所带来的灭顶之灾的威胁。人类根植于生物圈并且无法离开它而生存，因此，当人类获得的力量足以使生物圈不适于人类生存时，人类的生存便受到了人类自身的威胁。”

新石器初期至农业文明诞生之后，乡村一直是人类繁衍生息之地，然而，工业化和消费时代的来临，却让生物圈不断地被过度开发、过度消费，随着农村人口大量向城市集中，传统的乡土景观开始展现出荒芜和凋敝的现象，城市拥挤着乡村的移民，曾经充满活力的乡村则被新修的厂房和稠密的现代街道所代替，乡村的生态遭到了极大的破坏。

在当代，乡土景观评价者愈发强烈地意识到生态审美的重要性，在以往的审美模式中，审美主体和审美对象之间通常是二元对立的关系，人类中心主义为世界的主导，改造自然世界被视为根本目的。但是，在当代环境美学的发展中，人们开始对自然伦理予以关注，主张尊重自然，维护生态平衡与生物多样性。

人类应在改造自然环境的时候心怀着生态伦理的思想。他提出恢复森林面积的比例，从而实现“农村地区面积最大、最有特色的两种景观——林地和耕地的平衡。”

20世纪60年代以后，随着蕾切尔·卡森（Rachel Carson）《寂静的春天》的出版，标志着西方环保意识的日益加强，而在20世纪80年代以来，中国的现代化和城镇化程度也在快速提高，乡村生态景观的极大破坏，却未引起及时的关注。意识到乡村的重要性以及乡土景观的价值固然可贵，但真正能将乡村发展和生态保护结合起来，却十分困难。正如中国当代乡村在开发旅游产业时，打造了令游客喜爱的乡土景观：一排排笔直或错落有致的树木，一块块绿色麦田或黄色的花海。但是，这些景观需要动用重型机械、杀虫剂和化肥，它们不仅造成了水土流失、水质污染，还破坏了生物多样性，打破了乡村的生态平衡。

三、科学性原则

当代乡土景观评价中另一条需要依循的指导方针即科学性原则。乡土景观评价是一门复杂的科学，它需要多学科知识和方法的交汇运用，注重科技指标的同时，强调对乡土景观科技内涵的挖掘。

传统的乡土景观评价方法主要以定性评价为主，这种方式在评价过程中有时过于主观，存在着评价结果相对模糊的缺陷，而科学量化的方法是当代乡土景观评价的必经之路。通过统计学分析、心理物理学实验与地理信息系统方法的综合应用，能弥补以往乡土景观评价的缺陷，也能让评价的结果更为精确。同时，在进行乡土景观评价指标体系构建中，指标的科学性，能通过客观、真实的发展状况衡量各评价指标之间的相互联系，并较好地对乡土景观进行合理评价。乡村景观评价的科学性主要体现在，根据乡土景观评价目标确定合理的评价指标，并采用定性分析和定量分析相结合的方法构建乡土景观评价体系，以确保乡土景观评价结果的准确、可靠。

随着科学的发展，在当代的乡土景观评价中，更多的先进技术开始被运用，如地理信息系统（GIS）、虚拟现实（VR）技术、眼动仪技术等，这些技术同上述的评价方法一道，发展成为乡村现代化建设的科学路径。

从更根本上说，景观是视觉注意对我们周围世界的一种猜想。在早期的审美理论中，可以看到，乡土景观的评价主要是通过“观看”询行鉴赏，但对于心理的感受以及视觉的经验来说，它们很难被量化。然而，新兴的科学和技术应用却为当前的乡土景观评价提供了更可靠任方法，如地理科学、心理学和行为科学的发展，逐渐促成了环境感知到究的兴起，反映在乡土景观评价中，它可以被应用于分析人与乡村环境之间的知觉、认知、激励以及行为方式，它将地理学对人的行为的思考推向深层次领域，从而为人和乡土景观之间的协调提供了一种支撑。

在当代，之所以将科学性原则作为乡土景观评价的准则之一，本身在于科学技术在乡土景观中巨大的应用型前景。可以运用虚拟技术来预设和评价未来的乡土景观。正如时下前沿的太空摄影技术，不同于日常的瞬间快照，太空摄影将早期传统摄影中几分之一秒或万分之一秒延长为几个小时、几天甚至更久。它将时空融为一体，超越了人的极限以捕捉宇宙风景。

当乡土景观评价中的土地景观转为地理景观，视觉美感度发展为心理物理学评判，现场实践转化为虚拟体验，乡土景观规划和评价已经突破了传统方法与思维的桎梏，此时世界的乡土景观更需要一种科学性的评价原则。

四、功能性原则

在评价乡土景观的过程中，人们往往问这样的问题：乡土景观建设有什么现实意义？应该如何规划和设计当代中国的乡土景观？第一个问题实质上是希望了解乡土景观的功能，第二个问题的答案是，建设乡土景观很大程度上取决于该村景观的功能。

不同的乡土景观具备不同的功能，多数乡村都希望打造多功能的乡土景观，在生态、人文、经济、社会等方面面面俱到，这是当代乡村全面发展的理想模式，同时，也有很多乡村在某一方面具有先天的优势，因此可以重点打造区域乡土景观或特色乡土景观，这都反映出功能性原则在乡土景观评价中的地位。

在现当代乡土景观评价中，经济发达程度曾是乡土景观好坏的标志之一，这种“唯发展为目的”的功能性评价方式使得乡村为了摆脱落后的帽子，一味追求经济建设而无视自然、人文、生态环境的恶化。

但是，从另一个角度来看，乡村建设不可避免地面临着保护、发展和改造的现实，以经济效益为动力的确可以推进乡村改变景观旧貌，与时代同步。问题的关键在于，如何合理地对乡土景观资源进行开发和利用，那就需要按照功能对乡土景观进行区域划分。目前，景观规划设计通常将乡村划分为生活区、生产区、生态区。

在生活区，乡土景观的最大功能即居住，人居建筑因而成为评价的主要对象。由于每个地方的景观独特性，其地理和历史文化不同，建筑景观各式各样，如中国福建永安的土楼，云南的竹楼，陕北的窑洞，山西的四合院等，这些乡土景观的形成，除了民族、文化、风俗等因素，还源自材料的构成，传统的土、木、石、竹等材料建造了特色浓郁的地方景观，而现代的新材料则创造了新的乡村人居空间。乡土景观中，交通和基础设施同样在生活区中扮演重要角色，无论是道路或河流，基于其重要的使用功能，现在越来越多的乡土景观规划和评价开始将它们纳入评价范围，而在一些致力于发挥旅游功能的乡村中，为了招待游客，天然浴场、自行车骑行道路、农庄餐饮，都成为乡村的标志，它们充分体现出乡村休闲和健康的生活。因此，对乡土景观的评价，功能性原则是必须考虑的因素。

在生产区中，人们最直观的就是农业斑块，数千年来，土地耕种创造了农业文明，农业生产是人们的生存之本，各色农作物也是景观评价的对象。农业景观的价值不仅在于各自的特征，更在于它们的功能，评价这些景观不得不从其实际效用出发。如四川省凉山彝族自治州甘洛县阿嘎乡格古村和以达村，作为全国特困乡村，该地位于大山之中，交通不便，资源稀缺，为了实现脱贫自足，格古村种植了梨树，以达村种植了橘树，这些生产结构略显单一，却客观地形成了特色乡土景观，成为评价的一处亮点。

生态区主要基于地理多样性和生物多样性，生态功能是最重要的评价原则。事实上，在乡土景观评价中，评价生态性离不开审美、人文和自然因素，评价中经常需要综合考虑乡土景观的各类功能，功能性原则因而是不可或缺的评价基础。

乡土景观评价不是一蹴而就的工作，它是一项长期的、系统的巨大工程，需要国家层面的政策支持，景观规划与设计领域的专家进行实践探索和理论研究，以及广大民众的积极参与。因此，乡土景观评价的原则是多样化的，它融合了审美性、生态性、科学性、功能性等多种指导原则，体现出全方位、多层次的方法应用。在当代中国乡土景观评价中，我们应针对不同地区的乡村进行有的放矢的景观评价，明确评价原则和评价内容，这样才能运用合适的方法与技术对具体的乡土景观进行评价，并得出评价结果，以此推进乡土景观的整治和改造。下文拟在这些评价原则的基础上进一步分析乡土景观评价的过程与内容，并将以山西省运城市裴柏村、河北省保定市满城县黄山村和北京市延庆区珍珠泉村为评价对象，尝试运用专家评价法、心理物理学方法、GIS 方法、层次分析法等方法，对这些乡村的景观特征、视觉感知、生态美学以及历史文化等方面进行综合研究，从而探索可行性的乡土景观评价方案。

第二节 乡土景观评价的过程

乡土景观评价是一项复杂而长期的工程，包括前期、中期和后期几个阶段，每一个阶段需要研究不同对象，制定不同目标，运用不同任方法和技术，且各阶段相互联系、不可或缺，其大致过程可以分为以下步骤：

第一步，评价准备阶段。准备阶段需要对评价区域的图纸和文字资料进行收集和整理，图纸资料包括乡村地形图、规划图、卫星影像图、土地利用现状、植被覆盖图等；文字资料包括对乡村历史、人文、社会、经济等方面的内容进行的文献收集。

第二步，现场调研阶段。调研过程中，一方面需要对前期收集由材料进行补充，另一方面对评价区域的重要景观点进行照片和视频的取样。在选取重要景观点时，必须涵盖不同的景观类型和空间，保证其具有典型性、代表性和独特性等特征。

第三步，评价阶段。首先需要确定乡土景观评价的指标体系，再分层确定每一级的评价指标因子，并进行权重赋值。其次，针对每一层级的指标评价因子，确定所需要运用的评价方法和介入的技术。最后，根据评价指标制定相关的问卷调查表，如公众问卷表、专家问卷表等。此外，在评价阶段应注意两点：第一，调查对象的选择。在进行公众问卷调查时，对年龄与性别等取样比例尽量要保证均衡，调查数量也应适中。在专家问卷调查过程中，必须选择从事相关专业的工作人员或具备本科以上学历人员进行评价，以保证调查数据的权威性和可靠性。第二，评价媒介的选择。在过去，幻灯片播放是较传统的一种评价方法，随着技术的不断演变，新的媒介工具为乡土景观评价提供了更大的便捷性，如平板电脑、手机、笔记本电脑等，它们可以快速、高效地为乡土景观评价提供辅助。此外，虚拟现实技术、眼动追踪技术、脑电波测试等新技术，可以促进审美主体对乡土景观的感知，做更科学的记录，从而为评价结果的准确性提供重要保障。

第四步，评价结果验证。运用统计学的分析方法对评价结果进行验证，如以 SPSS 软件对评价数据进行整理、分类与分析，以“T”检验方法能对数据的偏差进行校对等。

乡土景观评价是一项科学与艺术、主观与客观、理性与感性相统一的系统评价工程，它需要不同人群的参与，专家的分析和景观设计者的前期筹备，都有助于指标体系的构建，在方法和技术的运用中，评价指标具有先导性作用。

然而，乡土景观的评价结果并非一成不变和绝对精准，评价指标也不是僵死的教条。受限于各种因素，乡土景观评价需要长期的跟踪调查，以及进一步的结果反馈，只有在大量的实验和实践基础上，乡土景观评价才能得出相对可行的方案，而任何“试错”或正确的评价过程都很重要。

第三节　乡土景观评价指标框架

评价（Evaluation）是指通过使用由一套标准控制的准则，系统地确定事物的优点、价值和意义。评价能够协助一个组织和项目评价及决策；确定与目标和任何行为结果相关的或价值的程度。指标（Indicator）是表明或强调事物存在的条件。它是指可以反映或测量的一些情况的特征，它有助于将信息转换为更易理解的形式，并以简明的方式来描述复杂的情况。指标是一种可以评估发展、确认挑战和需求、监督实施和评价结果的有效工具，它可以显示与某个重要目标或动机相连续的某种事物的发展情况。体系（System）是指各项有规律地相互影响或依存所形成的统一的整体，乡土景观评价体系是环境评价体系的一部分，聚焦于景观质量特征，在服务于决策的同时与影响景观特色发展相关。指标体系是战略测量的工具、战略规划的工具、战略评价的工具、战略反思的工具。

20 世纪 60 年代，美国的景观评价主要围绕着景观的视觉美学展开，其乡土景观评价则从形式美的角度出发。20 世纪 70 年代后，英国通过对景观价值的研究，提出了景观特征评价理论且肯定了所有景观的价值，并以特征描述的方式对乡土景观评价进行级别分类。在当代，从环境美学的视角构建乡土景观评价体系，既要彰显环境美学任审美特征，又应突出对乡土景观的多重感知和体验，这就要求对乡土景观的生态、文化与社会诸方面进行综合的理解。基于对中国乡土景观偏好特征与环境美学理论的研究，本章拟将审美偏好理论纳入乡土景观评价体系中，并以乡土景观评价的要素为衡量的依据，对乡土景观的评价指标进行探讨。

乡土景观的评价要素包括物质要素、形象要素与心理要素三部分。物质要素主要指在乡土景观中可以认知到的景观资源，如自然景观资源和人文景观资源。自然物资要素包括土地、植被、水体、动物等，人文物资要素则指乡土景观的文化特征与土地的利用方式。形象要素则是指乡村环境对人产生的空间感受，来源于乡土景观的物质要素，是物质要素的形式美感的体现，包括线条、形态、色彩、质感、肌理等。同样，这些景观形式要素之间的关系，如多样性、协调性与统一性等，均是评价的重要因素。此外，在形象要素中，观赏者与景观之间的相互关系，如视角、视距、视频等也是需要衡量的客观条件。心理要素层面则关注人对环境产生的偏好或关注程度，是人对景观的认知和接触之后所产生的连串的心理反应，这种反应的差异性与文化、生活方法、习俗、年龄等因素相关。在审美性、生态性、科学性与功能性的乡土景观评价原则基础上，乡土景观评价的物质要素、形象要素与心理要素成为评价指标的来源依据，以下将从美学、感知、生态与文化四个层面，采用指标核算对乡土景观评价指标进行细化。

首先筛选乡土景观评价指标，筛选方法包括头脑风暴法（Brain Storming），德尔菲法（Delphi Method），聚类分析法（Cluster Analysis）等，每种方法各有其优劣之处。无论如何评判客观对象，主体心理都不尽相同，在乡土景观评价中，不同主体对环境的认识和感知，会产生不同的评价指标，这些指标因子极其复杂且经常随现实而变动，所以需要以辩证的观念和发展的眼光来看待。

乡土景观评价指标的具体选取的过程为：通过专家问卷调研对每一特定指标进行选择判断和补充，评价等级被划分为非常重要、很重要、比较重要、一般重要、不重要五个等级；根据每一评价指标被选择的情况，确定这一指标是否被淘汰。

建立了乡土景观评价的指标因素后，可依据指标对乡土景观进行应用性评价，因此对指标进行核算是指标体系的重要组成部分，指标的核算可以大体分为系统法、目标法、归类法与指标权重确定法。系统法指根据研究对象进行系统的方向分类，再逐步确定评价指标；目标法需要在确定研究对象的发展目标后，在目标层建立一个或者多个具体的分目标，采用分层递阶的方式建立评价指标；归类法则是将多个评价指标进行归类，从不同类别中抽取若干指标构建指标体系。

首先采用系统法对乡土景观评价要素进行分类，将之分为：物质要素、形象要素与心理要素；其次，采用归类法将评价指标分为美学、感知、生态与文化四大层面；此外，运用目标法将评价指标进行分层细化；最后，通过专家咨询法与层次分析法对各项指标进行权重确定。上述指标的体系构建源自审美性、生态性、科学性与功能性等乡土景观评价原则的指导，根据中国国情与发展目标，将中国独特的乡土景观“偏好”与独特的环境观纳入评价指标中，采用专家咨询法与层次分析法确定各指标因素权重。

一、感知层面的评价指标

在当代，自环境美学理论兴起以来，人的生理与心理感知能力愈多地被学者联系到景观评价中。视觉、味觉、嗅觉、触觉和听觉被称为是人类的五种感觉，其中视觉较其他四种感觉更为重要，它需要利用大脑中的更多细胞去帮助人们感知外界事物。通过视觉，人和动物感知外界物体的大小、明暗、颜色、动静，获得对机体生存具有重要意义的各种信息。可以说至少有 80% 以上的外界信息经视觉获得，视觉是人和动物最重要的感觉。

在传统的审美判断中，视觉观看是最重要的途径，但当代乡土景观评价，却突破了视觉审美的藩篱。强调更广泛的感知层面的评价，因而感知评价不仅仅是对景观视觉的感知，还包含触觉、嗅觉、听觉等多方面的感知，是人类全身心参与评价的过程。审美感知以感性体验为中心，尤其是当它涉及环境领域时。不光用眼睛观看活生生的世界，而且随之运动，施加影响并且回应。熟悉一个地方，不光靠色彩、质地和形状，而且靠呼吸、气味、皮肤、肌肉运动和关节姿势，靠风中、水中和路上的各种声音。环境的方位、体量、容积、深度等属性，不光主要靠眼睛，而且被运动中的身体来感知。视觉是人类感知环境的重要要素之一，触觉、听觉、味觉等要素同样对景观的感知具有重要影响。在环境美学的整体观照下，仅以视觉为感知的评价指标显得过于片面化，对乡土景观的感知还应包括人的情感、记忆、联想等全方位的感知因素。同样，心理学的研究表明，人类审美的生理结构包括感觉系统、周围的神经系统和中枢神经系统，这些生理结构形成的视觉、听觉、嗅觉，以及通过感官对周边环境产生的感知获取相关信息，并刺激出心理的情感与记忆。因此，环境美学理论的前沿性，为乡土景观评价赋予了新的感知审美方式及评价指标，据此，新的指标体系可以全面探究视觉、听觉、嗅觉、记忆、联想与喜好度等七项指标，视觉指标还可被细分为色彩、肌理质感、如画性与独特性。下文将对这些指标因素进行逐一分析。

人对环境的认知是从环境的刺激中得到各种信息，并通过这些信息来评价人的行为。最初人通过感觉器官从环境中得到刺激，之后传送给大脑，使大脑产生判断和行为等。在视觉、听觉、嗅觉、味觉、触觉等感觉中，最发达的是视觉。吉伯逊（Gibson，J. J，1950）在《视觉世纪的知觉》一书中提出，视觉世界就是指人们所讲的日常生活中看到的外部空间。在对视觉世界认知时需要考虑外界的认知和空间感觉两个问题，通过视觉很容易对空间中事物的大小、形式、色彩进行辨别。因此，在乡土景观视觉层面的评价，主要从色彩、肌理质感、如画性与独特性几个角度构建指标因子。

（一）色彩

色彩是乡土景观中基本构成要素之一，在审美反应中起着越来越重要的作用，色彩不但给人们带来视觉上的直观感受，同时也影响着人们的心理。受光波的影响，眼睛会读出不同的色彩。色彩是人类生活当中的一部分，人们观看任何景观，首先映入眼帘的就是其色彩，自然界因为色彩的点缀而显得生机勃勃、协调和谐。世间万物因为自身独特的颜色而显出个性的魅力，人类长期的审美创造与欣赏经验表明，色彩的和谐之美，一方面要求色彩的组合关系要互相契合统一，即“调和”；另一方面还要求它们之间相对独立，即“对比”。对比与调和是乡土景观色彩美的基本法则，它甚至还反映着人们的主观心理。德国文学家歌德曾把色彩分为积极的（或主动的）色彩（朱红、黄、橙等）和消极的（或被动的）色彩（蓝、红蓝、蓝红）；主动的色彩能够产生一种积极的、有生命力的和努力进取的态度，而被动的色彩，则适合表现那种不安的、温柔的和向往的情绪。

在当代乡土景观评价指标中，景观色彩的重要性可见一斑，它是自然的表现，也直接影响着人的观看和判断。人与人之间对于色彩的喜好并不一致，因为观察者本人以及观察者与观察者之间在不同场合下的经验往往是矛盾的。然而这一发现并不能证明对色彩的喜好有什么规律，它仅仅证明了决定色彩喜好的各种因素的复杂性。在乡土景观的审美和设计中，不同地区的乡土景观的色彩各自不同，反映出不同的地理特征和人群偏好，该特点为乡土景观评价提供了色彩指标，通过景观色彩的指标构建可以促进景观评价和色彩设计，使乡土景观色彩与环境色彩相协调，创造出符合人们生活理念和审美趣味的色彩空间。因此，在色彩和亮度产生的视觉表象中，乡土景观色彩的丰富性、协调性以及色彩对比度，为乡土景观进行视知觉感知与评价提供了关键指标。

（二）肌理质感

肌理的概念是物体的表面组织结构，它是一种物理形态；而审美主体对材料在视觉和触觉上所产生的审美效应，则称之为质感。肌理和质感体现在视觉感知的材料特征上，如透明度、光泽度、明暗效果和凹凸对比等。不同肌理和质感的材料给人的感受千差万别：大理石的纹理相对细腻，花岗岩则坚硬与粗糙；长满青苔的鹅卵石让人觉得特别光滑，木质的休息座椅能带给人一种温暖与温馨的感觉，此外还有树木的挺拔以及水体的轻盈等。肌理质感之间的差异性能增加乡土景观的趣味性，在中国，由于区域间的地理差异性，造就了各式各样的农田肌理和植物质感。例如，云南的元阳梯田和广西的龙胜梯田，利用自然的高低起伏，依山造型，开辟出等高线的水平梯田，这些农田每一块都不一样，呈现出各自的尺度、线条和色彩，这种肌理是独特的乡村自然景观，因此是景观评价的要素之一。此外，植物的质感在乡土景观的感知评价中也是指标因素之一。植物材料种类多样，依照直观的形式感受，可分为粗壮型、中粗型和细小型，除了枝干粗细和肌理的差异，植物的花叶也千差万别，它们大小不一、色彩各异。由于季节、光线以及空间的变化，植物的质感也在人们的心理中有不同的反映。在乡土景观评价中，肌理质感表面上是人的生理触觉的映射，但它又结合了视觉和其他感觉体验，因此，作为一项评价指标因子，它并非孤立的要素。

（三）如画性

“如画”（The Picturesque），也可称为“风景如画”，包含以下几方面的含义：第一，“如画”凸显了针对自然风景的审美活动。根据黑格尔的判断，艺术是美的主要承载形式。绘画是艺术品的典型代表，说某物像画，无疑是说某物像艺术品，是美的。断定一件事物的美丑需要审美主体面对审美客体本身，通过完形、内模仿、移情，获得形象直觉或直觉形象，最终主客同构，完成审美活动；第二，“如画”表明一种审美价值判断。“风景如画”的字面意思是风景像画一样美，适合入画。以画作为评判风景优劣的标准，显然是说，在自然与艺术之间，艺术要高于自然，艺术美要高于自然美；第三，“如画”表明了国外以形式为美的审美传统。从亚里士多德（Aristotle）到康德（Immanuel Kant），西方人形成了一种以形式为标准评价艺术美的传统。在西方人看来，一幅画之所以被称为是美的，就在于它有画的形式，如色彩、线条、构图、比例的和谐等要素。形式和谐是艺术家的首要追求。第四，“如画”体现了该美学命题的复杂性。“风景如画”中的“风景”在英文中是landscape，但该词既指天然的、没有人为痕迹的自然景色，又指人为创造、摹仿的自然景观，对风景的不同理解会导致截然相反的结论。

17世纪以来，西方的风景画注重对自然的模仿，及至18世纪晚期以后，肯特（kent）、雷普顿（Repton）和布朗（Brown）的自然主义景观设计中都专门塑造了未开垦的天然之美；可以看到，纵观19世纪，如画性一度成为景观欣赏的主要原则。在近现代园林和乡村景观设计中，景观设计师却反过来将美学原理运用于自然环境的改造中。

（四）独特性

乡土景观的独特性又称差异性，指带给公众新鲜刺激，具有吸引力的乡土景观，主要从乡土景观的形态进行评价。乡土景观的独特性是一个乡村自然与文化特质的体现，反映了自然与文化的演变。中国悠久的历史文明，造就了不同区域的独特乡土景观风貌，如黄土高原的窑洞、福建的干栏式民居、云南的梯田、江西婺源的油菜花、江南的水乡等。独特性主要通过自然景观的色彩、质感与样式，以及人文景观中的风俗、传说、故事等来进行整体衡量，通过对乡土景观的独特性进行评价，有利于维护乡土景观的多样性，认识乡土景观的自然与文化价值，促进乡土景观的保护与改造。

（五）联想

在乡土景观审美过程中，联想是不可缺少的重要因素。从对乡土景观审美的心理过程分析，通过审美能触动观景者的直接感受，使其回忆起自身经验，从而产生新的审美体验。当代推理作家赫尔曼曾经在他的景观描述中如此写道：“在广阔的、起伏的大草原上，这远离道路，那条道路通往船形岩石的那片黑色的形状，每一丛山艾树，每棵刺柏、每株蛇草，每一丘的丛生禾草投射其悠长、蓝色的阴影——无限的漆黑线条在生气勃勃的景观中起伏……船形岩石高耸像一座巨大的、形式自由的哥特式建筑。”在这一段落中，蕴含的知识和联想丰富了特定景观的审美鉴赏。在科学的、历史的和功能的事实描述前，联想性描述事实上是被鉴赏者主观创作出来的，但对于乡土景观审美和评价来说，联想性评价指标的意义在于：一方面，它能通过联想对乡土景观的形体特征进行文学和艺术描述，另一方面还能借此产生对乡土景观内在精神的体验。

（六）触觉

对乡土景观的感知有作用的感觉，除了视觉、听觉、嗅觉外，还有触觉。触觉是人类的第五感官，也是最复杂的感官。环境的温度和湿度可能带给人舒适的感觉，也可能是不舒适的感觉。所谓手感其实就是指触觉，是通过手和肌肉的触碰感产生的个人感觉。肌肉的触碰让人能对景观的各种变化产生体验，从而使人产生连绵的遐想。本指标主要认为，当踏入某处景观时，是否给人以舒适、安全的感觉，有想接触和亲近的愿望，如触摸粗糙的石灰石会让人想起岩石形成的过程，产生真实的体验。

（七）记忆

乡土景观认知评价内容还包括个人记忆，个人记忆主要针对本土居民或者是以往参观的游客，研究该景观带给他们美好或负面、积极或消极的记忆。通过文本阅读、口述传播或图像阐释，人们的记忆进一步促进情感共鸣，从而在灵魂和精神上无限延展和沟通。刘易斯·芒福德（Lewis Mumford）曾将中国北宋时期《清明上河图》中的人居环境视为最佳的人类生活空间，在他看来，《清明上河图》展现了各种各样的景观，它让人回忆起一座生机勃勃的城市。在现当代文学和艺术作品中，给人以记忆和怀恋的乡村作品不计其数，这些对往昔景观的记忆带给人一种情感的归属，是审美的重要组成部分，因此，记忆也成为乡土景观评价的感官属性之一。

（八）声音

在人类的生活中，声音扮演着重要的角色。除了视觉观看的形式，听觉听到的声音也是一门从生活中不断衍变的艺术。在视力不及之处，声音却能让人们感到某种实在性的物质存在，声音属于听觉系统，它无处不在，是抽象和间接的，需要更多的悟性和理解。如植物在风中摇摆的声音，雨打芭蕉的声音，玉米地和树林的沙沙声，还有乡村中的鸟叫与蝉鸣等，这些自然之声都让人回味无穷。优美的声音，可以提高景观的环境质量，营造更舒适、更健康的生活环境，反之，如果是噪声，不仅会破坏优美的场景，而且会影响人的身心健康。听觉可以获取眼睛看不到的信息，而在眼睛可以看到的范围内，首先进行的是根据视觉得来的对客观对象的知觉，通过对视觉的辅助作用，听觉能引起人们的进一步注意。在当代乡土景观设计中，作为感知的因素，听觉开始为设计师所关注，他们以拟声的创造手法，营造出自然与艺术相结合的“可听性”景观，毫无疑问，这种听觉的感知因素也是构成乡土景观评价的指标因子之一。

（九）味道

味道属于嗅觉系统，在景观中它和声音有同样重要的位置，其质量的好坏会直接影响景观给人的感受。景观味道清新，给人心旷神怡的感受；景观味道恶臭，给人不愉快的感受。如空气潮湿时，人们能感受到泥土独特的气息；植物中能散发出各种各样的气味，有酸味、甜味、果味等。嗅觉与视觉、听觉相比，辨别空间位置的能力似乎不高，只有在嗅到气味时，人的感觉才会产生变化，难闻的味道会带给人感情上的不舒适，它对肉体产生生理影响时，也十分强烈地影响到感情，因此，气味在景观感知中会增添人的情感变化。

（十）喜好度

乡土景观喜好程度是一连串人与环境交互作用下所产生的结果，乡土景观偏好的产生也是乡土景观认知的过程。喜好程度是一种行为态度和评价景观的方式。乡土景观的喜好旨在探讨观赏者对景观的好恶程度，这一评价过程的发生和进行源自每个人生理和心理的不同导向，因而不同人对于乡土景观的感受也不同。喜好程度是乡土景观评价中的另一主要指标，在一定程度上能反映出人们对乡土景观的情感反应。

此外，乡土景观感知层面的指标除了五感方面的十项指标因素外，还包括对乡村意向整体认知的指标因素。乡土景观意向是人们对乡土景观认知过程中，在思想、信仰、感受等方面形成的一个具有个性化特征的景观意境图式。从乡村意向对乡土景观进行评价，有利于寻找和发现有价值的乡土景观图式。这里提出农耕性、自然性、闲适性、质朴性与乡土性是乡土景观意向评价的指标因素。农耕文明是乡土景观产生的背景，乡村中的农用工具、场所均能体现出农耕景观图式，因此，农耕性是乡土景观评价指标因素之一。乡村是非城市的，这种非城市化的景观特征体现了乡土景观的自然性。乡村的空间特质和周围自然环境的空间特质大体上是同质的，形成“乡村在自然中，自然在乡村里”的风貌。自然性在衡量乡土景观意向时具有一定的价值，可作为乡土景观意向评价的指标因素之一。

乡村中的生活没有朝九晚五的节律和城市生活中的奔波，因此，树荫下的小憩、村头井边的闲聊、社火、村戏就都成了典型的乡村意象。闲适性的生活方式是乡村中最具独特的景观意象之一，是进行乡土景观意向评价的重要指标因素。同样，乡村具有一种天然的质朴气质，这种质朴可以表述为一种有创造性的功能简约，即乡村营造具有直白、干净利落的气质，并充满了逻辑、创造和想象。乡土性是乡村中的核心精神，展现了人与自然和谐共生的景象。如乡村的建筑材料中多以土坯、夯土、夹草泥等材料建造，不仅生态环保，而且反映出独特的乡土精神，还有在乡村中出现的农耕图、农作物、红灯笼、树根等元素，均能展现独特的乡土气息。因此，质朴性与乡土性均能较好地体现乡村的独特图式，是乡土景观意向评价指标的重要组成部分。

二、生态层面的评价指标

景观生态是景观综合体的基本特征，是保证景观环境高质量存在的基本规律，也是景观评价、景观规划设计的基本原则。生态是指生物的生活状态，即生物在一定的自然环境下生存和发展的状态，也指生物的生理特性和生活习性。生态（Ecological）一词源于古希腊字，意思是指家（house）或者人类的生存环境。简单地说，生态是指一切生物的生存状态，以及它们之间和它与环境之间的关系。生态研究内容最早也是从研究生物个体开始的，之后随着学科交流的加深，“生态”一词涉及的范畴也越来越广，人们常常用“生态”来定义许多美好的事物，如健康的、美的、和谐的等事物均可冠以“生态”。“景观”最初的含义主要是关注景观的视觉特征和文化价值，地理学与景观生态学将其进一步拓展，以“地域综合体”作为它们共同的概念基础。地理学强调景观的地貌、土壤、植被、气候等自然要素的特征。英国谢菲尔德大学景观系讲师凯瑟琳·蒂（Catherine Dee）指出，只有对气候、水文、地质学与地形学、土质、植物、空气、动物群等自然要素进行观察和评价后，才能对该区域景观做出改动的决定。由此可见景观与地理生态环境之间有着密切的关系，这里主要从坡度、坡向、地形多样性、植被多样性、土壤稳定性等方面构建乡土景观的生态评价指标。

在景观构成要素中，地貌是最基本的要素之一，不同的地貌特征能体现出地形的奇异性，按照高度和形态，地貌可以分为平原地貌、丘陵地貌、盆地地貌、山地地貌等。地貌在景观生态格局中是影响景观独特性的重要要素，并通过地形影响景观的生态效应。地形，是指地势高低起伏的变化，即地表的形态，地形的指标包含坡度、坡向、坡位、坡形、地势起伏等。这里拟评价的是山地型乡土景观，由于地形控制了太阳辐射和降水的空间再分配，因此坡度、坡向和高程是衡量地形分异的三个重要属性特征，也决定了土壤、水文和小气候等要素分异的主导因子。在乡土景观评价中，坡度与坡向是重要的生态评价指标，地形多样性反映了坡长、坡度等地形因子对土壤侵蚀的影响，对于乡土景观评价而言，采用坡度分析能较容易地认知地貌特征。

土壤，是由一层层厚度各异的矿物质成分所组成的大自然主体。土壤和土质是一面镜子，清晰而完全真实地反映出水、空气、土地与其他物质之间的非常紧密而又长期综合的相互作用的直接结果，另一方面也反映植物群、动物群有机体和地方年龄之间相互作用的结果……土壤是利用和管理自然的一把钥匙，通过控制土壤可以实现对景观的利用与管理。土壤具有发育过程缓慢，侵蚀速度发展快的特征。乡土景观受到的干扰程度越大，土壤性质的变化就越快。土壤侵蚀受自然因素和人为因素的影响，植被类型、土壤质地、地形起伏与土地利用等均对土壤侵蚀具有影响，因此，土壤的稳定性是乡土景观生态评价的另一重要指标。

在乡土景观中，植被的生态价值也不容忽视。植被格局变化具有时间跨度大，变化缓慢的特点，植被是防止土壤侵蚀的重要因素，植被覆盖率、植被多样性与破碎化程度通常被选作评价指标。

此外，水体、气候、动物等也是乡土景观生态层面的重要评价指标。水体可分为静态的水体和动态的水体。静态水体的水面产生倒影，使空间显得宁静深远。而动态的水体，丰富空间层次，活跃气氛，增加趣味性。对静态的水主要从平面形状进行评价，动态的水则是从形态的丰富性进行衡量，同时又需要考虑到水质、形态、范围等因素。气候要素是用来说明大气状态的基本物理量和基本天气现象，也被称作气象要素。如气压、气温、湿度、风向风速、降水、雷暴、雾、辐射、云量云状等，通过气候能对乡土景观的气温和降水变化等程度的特征进行分析。动物方面，则关系到生态系统的平衡，动物的多样性和独特性，是评价某一乡村生态景观和谐与否的重要因素。

三、美学层面的评价指标

乡土景观美学层面的评价指标，主要是对乡土景观的视觉美感进行评价。所有形式的视觉艺术如绘画、雕刻与建筑，都是从线条、形式、颜色、质感与空间所产生出来的，这些元素依照不同的方式结合在一起，并影响观赏者如何经历艺术家的视觉经验。乡土景观的美学特征体现在空间尺度适宜、乡土景观类型多样、具有自然性、乡土性等特点。对乡土景观的美学层面的评价指标，主要从视觉美感进行构建，包括色彩、肌理纹理、图案模式和形态等可见因素。在乡土景观中，这些可见因素又通过层次感、如画性、丰富度等呈现出视觉审美感知，因此这些评价指标均是衡量乡土景观美感质量的重要指标，本节对这些美学层面的评价指标梳理如下：

（一）乡土景观节点

乡土景观中出现的重要节点是观景者视觉捕捉到的景观空间要素，并能通过独特的形态快速吸引观景者的视线，如在乡土景观空间中，入村导视牌、宣传墙、古树、古井等都是重要的景观节点。这一类重要景观节点，以其造型、尺度、色彩和空间布局塑造了乡土景观的视觉美感。因此，乡土景观节点与周围环境是否和谐，景观节点的功能性、艺术性与乡村生态的保护是否一致，都是评价乡土景观视觉美感的重要指标。

（二）道路

道路是乡村的骨架，道路是乡土景观空间的重要组成部分，从视觉美感上看，蜿蜒曲折的道路在视觉上更具连续性和丰富性，但笔直的道路同样具备高度的美感。乡村道路空间的形成，不仅由道路两侧的建筑构成，还包括道路端头的对景，所以在进行乡村道路评价时，还需综合考虑对景的景观。此外，道路的宽度以及与道路两边建筑的高度比值也是影响乡土景观视觉美感的重要因素，建筑与道路的比例适宜，会产生较高的视觉美感。因此，在进行乡村道路视觉美感评价时，应从道路的对景、景深、层次与尺度等因素进行综合衡量。

（三）植被

植被不仅是乡土景观空间的重要组成要素，而且是自然景观空间的主要要素。通过植被的色彩与形态均能展现出视觉美感特征。在色彩上，植被通过果实、花朵与树皮呈现出不同的色彩，并伴随着季节的变化而产生不同的色彩变化。在形态上，植被包括乔木、灌木、果木与地被，通过合理的种植配置能具有较好的视觉质量。因此，植被的形态、色彩、质感、气味等因素均适合作为美感评价的指标因子。

（四）地形

地形是乡土景观空间中的基本元素，地形起伏变化越大，乡土景观空间变化越丰富。地形的变化能改变乡村空间的形状，产生变化多样的乡土景观效果。例如，在山地型乡土景观中，强烈垂直形态的地形与平坦的地形形成鲜明对比，给观景者以强烈的视觉张力。

（五）水体

水体在乡土景观中是一种动态的要素。从水的形态上讲，水面性质呈现的二维图案具有视觉审美功能。此外，水体在乡土景观中能丰富空间层次，吸引观景者的视觉注意力。因此，在该项指标中，主要通过水体的形状、大小与质量进行视觉美感评价。

乡土景观美学层面的评价除了从观景者的视觉层面对景观的认知外，还需要从观景者与环境之间的关系进行评价，因此，观景者与环境的观赏视距、相对坡度、视觉概率与醒目度均是需要考虑的指标因素。正如在美国的视觉资源管理系统中，景观的观赏视距与尺度是进行景观视觉评价的指标要素之一，通过前景、中景与远景等距离带的划分，可对景观质量进行分级。观景者对乡土景观的传统感知是由肉眼进行观察，通过视夹角和视距对景观进行判别。因此，观景者离景观越近，乡土景观的清晰度越强，视觉冲击力也就越大。相对坡度指标是指观景者的观赏乡土景观表面的视线坡度，当坡度越大时，观察者看到的乡土景观面积就越大，表明乡土景观的视觉质量越高。视觉概率是观景者视域内乡土景观出现的概率大小和时间的长久性，通常以观景者的观景点和观景线作为评价基点对该项指标进行评价，当视觉概率越大时，则表明景观视觉质量越好。醒目度是指乡土景观与环境的对比度，包括色彩、线条、肌理质感、形态等方面的对比，例如山体与植被的虚实对比、山体、水体、植被之间产生的色彩、形态和质感对比等，当对比度越高时，表明乡土景观的视觉质量越好。

乡土景观的美学评价，主要从视觉和心理的角度出发，与生态评价相比较，有一些指标因素是二者共同考虑对象，如水体、植被、地形等，但前者关注的主要是从艺术视角的审美认知和评价，后者则注重生态圈的和谐，在乡土景观的综合评价方法中，各种指标之间彼此交叉，构成复杂多样的评价体系。

四、文化层面的评价指标

对乡土景观文化层面的评价是乡土景观评价整体框架的一部分，历史文化景观资源，是进行乡土景观规划与设计的基础，通过客观的评价，乡土景观才能够更好地保护、开发和利用。

文化是指任何社会的整体生活方式，分为物质文化、精神文化和行为文化三个层次。乡土景观不仅仅是一个自然景观的综合体，还包括文化、社会、历史等价值。乡土景观具有自然性，同样也具有文化性。文化景观指“与具有意义的历史性事件、活动、人物有关或体现其他文化、美学价值的地理区域（包括其自然资源和文化资源，驯养及野生生物等）”，将文化景观分为历史性的设计景观、历史性的地方性景观、历史性的场地与人种学景观。正如文化景观基金会（The Cultural Landscape Foundation）对文化景观的定义，文化景观指包括重要历史事件或活动的文化资源和自然资源在内的地理区域，有时文化景观是个人或人群作用于土地的结果，有时候它又指某个特定的时候个人或人群所拥有或创造的理念产生的结果。从地理学的角度看文化本身，文化要素包括民族、风俗、艺术、学术、语言、教育等。乡村文化景观反映了乡村的个性特征，是历史信息与文化多样性的综合表现。从文化层面对乡土景观进行评价，能保持与促进乡村历史景观发展的延续性。

乡村文化景观关注的是人类文化与地理环境之间的关系，通过对乡土景观文化层面的评价，一方面能通过景观了解文化的起源与发展，从而对乡土景观发展的规律与状态进行分析；另一方面，能对具有特殊历史意义的事件、人物、活动等文化资源进行合理保护。因此，这里从历史事件与人物、历史性建筑、传统民俗与风水观念等方面构建了乡土景观文化层面的评价指标，相关指标的具体内容如下：

（一）历史事件与人物

乡村中出现的重要历史事件与人物具有空间和时间上的历史意义，通过记忆事情与人物构成了具有精神化的场所，是乡村文化中不可缺少的一部分，因此，通过对该项指标的评价，能对乡村文脉进行合理保护。

（二）历史性建筑

建筑作为乡土景观的构成要素，和文化有着紧密的联系。乡村中的历史建筑同样能引起人们对往事的记忆，这些建筑能增加乡村的文化底蕴。对历史性建筑的评价重点要从其形态、功能、年代等角度出发，以历史久远程度与稀缺性作为主要因子。

（三）传统民俗

民俗又称民间文化，是指一个民族或一个社会群体在长期的生产实践和社会生活中逐渐形成并世代相传、较为稳定的文化事项，可以简单概括为民间流行的风尚、习俗。民俗是体现乡土景观特色的形象要素之一，每个乡村有其各自的民族风俗和地方风土人情，如传统的婚丧嫁娶、年节庆典等活动仪式，均能体现出乡村的文化价值。在乡土景观设计和评价中，应优先考虑乡土景观形成的背景特征与地方文化因素，而传统民俗正是衡量乡村文化景观资源的要素之一。

（四）风水观念

风水既是一种文化象征，也代表了一种环境观。从自然层面上看，风水观强调人与自然的和谐共生思想，是人们对美化居住生活的追求；从文化角度看，风水是中国传统建筑哲学的一部分，体现了乡村地域文化特色，具有较高的人文与艺术价值。例如，在古村落的选址中讲究山形水势，有左青龙、右白虎、前朱雀、后玄武的格局；在传统村落中出现的风水树能以对植的方式体现出村落风水的开口位置，或以孤植方式限定一个聚集空间，成为村民活动的公共空间和记忆标记。风水观念作为一种文化符号的表征，能促进乡村的合理布局与建设，是乡土景观文化层面评价的重要因子之一。

乡土景观评价的目的不是区分乡土景观的优劣，而是希望通过评价对乡土景观资源进行合理开发与保护。乡土景观评价与乡土景观设计是相对应的命题，乡土景观设计考虑的因素也是乡土景观评价的内容。中国农业文明的历史文化源远流长，乡村是一个动态的、不断向前发展的空间场所，所以，乡土景观的评价指标框架的构建也应该是动态的过程，应坚持以发展的眼光、辩证的思维探索人与乡土景观之间的关系。从感知、生态、美学与文化四大层面构建了乡土景观评价指标，并采用层次分析法与专家咨询法对不同层面的可价指标进行分级细化，初步探讨了乡土景观评价模型。

第四节　乡土景观评价指标权重

权重是反映不同评价因素或因子的重要性差异数值，也能体现各评价因素层和指标层在总目标层中的地位与作用，以及对总目标层就影响程度。迄今为止，人们关于如何确定各类权重已进行了大量的研究，这些方法主要包括经验权数法、专家咨询法、统计平均值法、指标值法、相邻指标比较法等。归纳起来有定性权重确定方法和定量权重确定方法两类。定性权重确定方法以实践经验和主观判断为主，而定量权重确定方法以各种数学方法为主。采用定性与定量相结合的方法对不同评价指标的权重进行确定。定性和定量指标之间没有统一的度量单位，不能直接将两个量合并计算，具有不可公度性。可公度性亦可称为可通度性或可通约性，是指如果两个量是可合并计算，那么它们可以被用同一个单位来衡量。为了解决两类指标任不可公度性，首先需要将两类指标统一转换为模糊指标的形式，以便作统一处理。模糊指标也叫灰色指标，它是介于完全清晰与完全不渭晰之间的指标，或者说介于白色与黑色之间黑白混合的指标。模糊指标的评价值概念与确定性定量指标不同，不能用单一数值描述，因此要将评价指标的实际值转化为评价值。在进行指标权重设置时运用到层次分析法和语义差态度法，层次分析法对指标的有序递阶的方式确定了指标层级，利用指标之间的两两比较对系统中的指标优劣进行了评价，并通过评价结果计算出各指标因素的权重值。

语义差态度表法（SD法）由C. E. 奥斯顾德（Charles Egeton Osgood）在1957年作为一种心理测定方法而提出。SD法是指“语义学的解析方法”，即运用语义学中语言尺度进行心理感受实验，通过对各既定尺度的分析，定量地描述研究对象的概念和构造。SD法最早用在心理学研究上，经历一段迅速的普及应用后，在心理学等相关领域慢慢被人们所忽视。但在景观、室内设计以及商品开发调查等方面，它却被越来越被广泛地应用和推广。SD法研究人对空间的体验，以及对体验心理反应加以测定，首先需要根据空间环境的特征和研究目标，进行与语义学的描述和修饰过程——描述空间环境“形容词”的设定过程，尽可能地收集相关的形容词，特别是定性评价指标的形容词。例如，“乡土景观感知层面”中对声音、味道的描述词组：甘甜的、恶臭的、悦耳的、刺耳的等，以此确定被调查对象对景观画面的认识。可将评价指标定为五个等级：Ⅰ级、Ⅱ级、Ⅲ级、Ⅳ级、Ⅴ级，由于评价因子的不同，各指标分级标准略有差异。如定性评价指标中将“喜好程度”划分为非常喜欢、喜欢、没感觉、不喜欢、非常不喜欢，其他定性评价的指标划分方法与之类似；与此相比，定量评价指标的等级划分，则参照了相关的国家标准、地方标准、行业标准及规范，并结合专家意见确定了五级标准值。

一、定性评价指标值

乡土景观感知、美学与文化层面的评价指标属于软指标，需要以问卷调查的形式获取数据，将其指标权重值进行量化。为了使获取的数据能客观、真实地反映乡土景观质量，调查对象应尽可能考虑全面，如选择男性和女性、专业人员和非专业人员、本地居民和游客等混合调查的形式，同时要均衡各类别之间的比例。

在数据调研中，受测者数量越多，越能精确地反映出调查结果。但是，在实际过程中，受限于各类因素，无法满足以最大数据求得最理想结果的诉求。《社会调查法》一书中对标本数与误差范围之间的关系进行了分析，而SD法的被调查对象人数通常在20~50人，为保证调查的准确性，在条件允许的情况下，调查数量越多，结果越准确。

采用SD法模糊评价打分，可以对感知、美学、文化层面的指标因素进行分析，通过数据量化的方法得到评价指标权重值结果。在评价过程中，首先需要将每一评价因子运用SD法分级，按照分级标准给出相对应的分数值，然后由受测者根据切身的感受打分。例如在乡土景观感知层面中，关于“喜好度”指标的评分模式。

二、定量评价指标值

乡土景观生态层面与美学层面的部分评价指标属于硬指标，包括坡度、坡向、地形多样性、植被多样性、土壤稳定性、观赏视距、相对坡度、视觉概率与醒目度，需要利用GIS技术获取数据并进行量化评价。定量评价指标值的确定取决于收集数据的准确性，GIS技术能对各项指标的空间与属性数据进行统计，并进行量化分析。

首先，定量评价指标通过 GIS 地理信息系统采集景观评价指标空间质量数据。其次，按照相关的国家标准、地方标准、行业标准及规范，对评价指标数据等级划分，再次，运用 SD 法确定评价值。例如，在对乡土景观坡度、坡向的评价等级中，通过以下模式确定评价值，该模式有利于通过 GIS 平台对坡度指标值进行计算。

指标权重的衡量是体现评价准确性和科学性的重要环节，主要由主观判断和专家咨询两种途径确定权重。根据对中国乡土景观偏好的研究，总结出中国人对山体、水体与高大植被具有较高的偏好度，因此，在构建乡土景观评价指标体系时，应对山体、水体、高大植被指标因素进行加权平均值（显），以强调上述指标的重要性与必要性。加权平均值是以权威程度为权重系数，对每一项指标评价以算术平均值进行加权处理获得，指标的算术平均值越大，指标的相对重要性也就越高。

第三章　乡土元素在乡土景观中的应用

第一节　乡土元素的类型及特点

一、乡土元素的类型

根据性质和形态的不同，对乡土元素进行了两大类别的分类：乡土自然元素、乡土文化元素。

（一）乡土自然元素

乡土自然元素的形成因素与自然环境有较大的关系，是各种自然因素的有机结合、相互作用而形成的景观元素，是乡土景观构建的基本元素。对乡土景观营造具有直接的影响，下面对乡土自然元素的理解主要为乡土植物、乡土材料、乡土地貌、乡土色彩。

1. 乡土植物

乡土植物又称本土植物（Indigenous plant），广义的乡土植物可理解为：经过长期的自然选择及物种演替后，对某一特定地区具有高度生态适应性的自然植物区系成分的总称。其形态特征具有典型的区域性，能够反映当地的植被特色，且具有一定的文化内涵。而不同地区因温度、降水、光照等气候因子、土壤因子和地貌条件的不同，会形成不同的植被景观，例如在华南地区植物景观以棕榈科植物为主，在华北地区以落叶阔叶树或者常绿针叶树为主。而在某种程度上来说，不同地区的植被景观会潜移默化地影响该地区人们心理上以及精神上的变化，会使人们产生不同情感倾向。

在乡村植物景观营造中，选择具有当地植被特色的乡土树种，能够建立丰富、生态、稳定的植物群落结构。如一些传统的村落出于对自然的崇拜以及风水上的信仰，会在村口选择具有当地特色的植被营造景观风水林，这些由乡土树种构建而成的风水林经过长时间的发展会成为乡村特性识别的重要符号，发挥着重要的生态价值、文化价值、景观价值和旅游价值。

2. 乡土材料

乡土材料是指能够用于地域景观营造中的物质材料，是乡土景观表达的重要物质载体，是生长于本土，具有浓厚的地域特征和文化烙印的景观材料。乡土材料一般形成于当地，与当地环境具有较强的融合性。如乡村地区的铺装材料、花坛常常选择当地的河卵石，通过不同的组合方式，生态而又乡土，同时由于取材方便，节约了人力和物力。因此在乡土景观营造中，乡土材料的应用，可以有效地节约景观资源，降低成本，同时，由于乡土材料具有较强的地域性特征，能够使人们对景观产生精神上的共鸣，唤起了人们对当地生活的记忆。

3. 乡土地貌

乡土地貌是经过长期的自然作用而形成的，是不同地区自然环境基础和当地文化的呈现，且能够直接反应当地的地域风格特色。此外由于地域、气候等差异，使广大乡村呈现出类型多样、风格独特的乡土地貌，常见的有丘陵风貌、茶园风貌、平原风貌、海岛风貌等。例如，安吉县山川乡，其境内山清水秀，环境宜人，因多山多川，故名山川。在其景观营造时，以保护自然山水格局为前提，同时突出竹林资源的特色，将现有村边森林植被较好的低山丘陵改建成山地公园。因此，在乡土景观营造中，乡土地貌的应用，是对自然环境规律的尊重，而这种在尊重自然基础上所形成的乡土景观，能够让乡村更具有吸引力和地域特色，给人亲切的感受。

4. 乡土色彩

景观色彩是具象的景观实体依赖于光的反射后通过人的视觉感知而形成的，如植物的色彩、景观建筑的色彩、土壤色彩等。而乡土色彩是乡土景观中物质实体的一种抽象的外在表现，具有浓厚的文化符号性，可具体表现为乡土自然环境色彩、植物色彩、乡土建筑色彩等。如在自然环境色彩方面，陕西黄土高原景观色彩以土黄色为主，云南的梯田景观色彩以绿色、黄绿色为主；在园林建筑色彩上，南北方因为气候环境和地域文化的差异，也表现在建筑色调上的不同，北方园林建筑色调以红色为主，南方多以茶褐色为多。

色彩是景观设计的调剂品，而乡土色彩的应用，可以丰富乡土景观的外在形象，从心理层面上让人感受景观的乡土性。运用乡土色彩的表达，可以为乡土景观赋予特殊的情感。

（二）乡土文化元素

乡土文化元素从某种程度上来说是地域文化的一种，是人们长时间生产、生活等经验的积累和摸索，是人们物质财富和精神财富的体现，维系者乡村生活、信仰、精神文明等诸多方面的发展。乡土文化元素具有较为鲜明的地域特色，是人们日常生活习惯、生产方式和意识形态下的一种精神缩影。乡土文化元素类型多样，涵盖范围较广，主要包含乡土物质文化元素和乡土非物质文化元素两个方面。将乡土文化元素应用到乡土景观之中，是当地人在景观上的一种乡土情感回归，也是传承乡村文脉，提高乡土景观价值，塑造乡村特色形象的重要方式。

1. 乡土物质文化元素

乡土物质文化元素是乡土文化元素的重要物质表现形式，是可以被人们较为直观的感知，是具有鲜明可识别性的一类文化景观元素，主要体现为乡土建筑文化、乡土装饰小品。

（1）乡土建筑文化

乡土建筑是当地居民长期适应自然环境变化的一种建筑形式，能够反应当地人朴素的哲学观和风水观，是当地人传统建筑工艺的重要表达场所。如徽州建筑中的天井既是“四水归堂”的美好寓意体现，同时也是为了满足室内建筑的采光需求；陕北窑洞是对黄土高原气候环境的适宜表现。乡土建筑具有明显的地域风格，然而随着社会生活水平的总体提高，导致传统的生活方式发生了改变，在某些方面，这些乡土建筑很难满足现代的生活需求。原本因地域不同而各具特色的乡土建筑逐渐被混凝土楼房所取代，传统的建筑文化、建筑技术、建筑形式面临着逐渐消亡的危险，因而，传统的乡土建筑急需人们的保护和修复。在乡土景观营造中的应用，结合乡土建筑文化，可以使景观成为延续传统、传达“乡愁”的精神场所，使乡村成为村民的理想家园。

（2）乡土物件小品

小品在景观场所空间中，本身就是一个较为重要的景观元素。而乡土物件小品是经过乡土艺术化处理而形成的，应用到乡土景观营造中，能够起到烘托景观氛围、丰富景观层次、增加景观趣味性的作用，同时还能在一定程度上凸显乡村的地域气息等。乡土物件小品一部分来源于乡村生产生活，在传统农耕社会中，是属于社会生产工具范畴，如常见的水车、石磨等，而另一部分则属于民间的手工艺术品，如传统的剪纸、年画、春联等。

2. 乡土非物质文化元素

乡土非物质文化元素是指当地人在长期的生产劳动、生活实践中所形成的精神产物，是地域历史文化传统与地域环境相互作用、相互影响、相互适应而形成的集合形态，是地方文化特征的“活化石”，蕴含着丰富的民族精神与智慧。相对于乡土物质文化元素，乡土非物质文化元素是属于意识形态和精神文化层面的精神元素。乡土非物质文化元素因地域环境和文化氛围不同而具有不同的内容和表现，从而呈现出不同的特点，对乡土非物质文化元素的理解主要是指风俗习惯、民间艺术和风水观念、历史人物传说等四方面。

二、乡土元素的特点

（一）地域文化差异性

乡土元素源于各自特定的区域，反映了这个区域的地理、气候、历史和文化等特点，与人们的过去和现在的生活密切相关，是经过长期的自然和历史变迁而传承下来，与地域文化紧密相连，具有很强的地域文化差异特性。此外我国地域辽阔，地域风格多样，从南到北跨域数个不同的气候带，地域环境的差异造成了乡土材料、乡土植物、乡土文化等乡土元素的差异性。如西塘、周庄、乌镇等，作为典型的江南水乡小镇，其景观风貌具有较为独特的地域个性。整体格局为建筑沿溪、河相对而建，其中的水埠头、古桥、乌蓬小船等乡土元素是具有江南水街的标志。

（二）符号性

乡土元素具有一定的符号性，可以形成一个地区的特色标志，表达了地区的历史文化，例如一些古村落的景观风水林可以形成这个地区文化的载体，包含着这个地区的居民对待自然和生活的态度，也见证了这个地区的各种乡村故事的历史变化过程。对乡土元素符号性的认知和理解，可以唤起人们对乡村生活的情感和记忆。人们运用乡土元素进行拼凑和重组，可以形成一种景观符号，从而更加清晰地认知乡土景观，也即是说，利用乡土元素所表达出的景观能够在人们眼中形成符号性的景观，加深人们对这个地区的景观印象。

（三）历史延承性

乡土元素是经过长时间的发展而形成的，这一发展过程是一个延续和继承的过程。如很多地区的风土民俗、人物传说等乡土文化元素就是通过一代又一代的传承而流传至今的。此外，在传统的农业社会里，乡村的自然、社会和生产环境也会影响着乡土元素的延续，乡村的农田、林地、菜园作为一种乡土农业景观，维持乡土农业景观的经济模式，使得传统的民风民俗、耕作经验和习惯发展至今。费孝通曾在《乡土中国》中这样描述，同一个乡村中的村民，一般来说，他们在文化意识等意识方面较为相同，很多是通过家族和血缘关系维系起来，形成一个团结的群体，很大程度上保证了乡土文化的统一性，并推动着其向前延续和发展起来，因此说乡土元素具有一定的历史延承型。

（四）美学特性

乡土元素的形成受到自然环境的影响，其营造出的景观具有自然美和年代美等景观特性，虽经过时间的洗礼，但其景观特性不会随之而消失，反而会表现出不同的美学特性，主要可表现为以下几点：

1. 乡土元素具有“自然美”

乡土地貌、乡土材料、乡土色彩等是在自然条件的作用下逐渐演变而成的，反映了一个地方的环境特点，利用这些乡土自然元素所营造出景观能够与环境相互适应、相互融合，形成一个质朴、天然的景观整体，散发着浓厚的自然气息，具有“自然美”的景观性格。

2. 乡土元素具有“朴素美”

一般来说，乡土元素的形成不是瞬间形成的，是经过长时间的岁月冲刷而形成的，而某些元素在色彩、质地、纹理等会在这一过程形成某些痕迹，形成一种景观记忆。如乡土材料的应用，会慢慢风化形成各种肌理，其外在特质会展现出一种年代沧桑美，散发者浓厚的乡土气息，具有“朴素美”的景观特性。

（五）特殊的情感性

乡土元素与地域自然环境、地域文化有着密不可分的关系，某种程度上是生活习惯、风土人情的外在体现。如竹、木、砖、瓦、等是中国建筑史上最为传统的乡土建筑材料，他们来源于自然环境，与人们长期的生活方式相关，承载着特殊的记忆。因此将他们应用于乡土景观中，对于乡村的村民来说有着自然的亲和性，会让村民对景观感到亲切。

三、乡土元素与乡土景观的关系

（一）乡村文脉延续的方式

乡土元素是对一个地区的生活场景、风土人情、地方材料与植被的提炼。在乡土景观营造中应用乡土元素，可以塑造乡土景观的地域个性，能够使乡土景观延续当地历史文化，引发人们对乡村生活的美好回忆，激起人们对乡土景观的热爱与认同。同时，乡土元素的应用，能够有助于人们了解当地深层次中的文化内涵，从而有利于对乡土文化的保护与传承，对延续乡村文脉有着深远的意义。

（二）乡村生态环境的保障

良好的生态环境是乡村发展的重要物质基础，乡村有着丰富的自然资源，如茶园、自然水系、生态林、变化丰富的地形、地貌，同时，它们也是乡土元素的外在自然表现，能够为乡村丰富的生物提供舒适的栖息环境，有利于生物之间形成稳定的食物链，维持乡村生态系统的稳定性。

（三）乡土景观设计的艺术源泉

从古至今，无论是景观设计、建筑设计、还是绘画、文学以至于艺术，都能够在乡村环境中寻找到创造的灵感。在乡土景观营造中，无论是传统的建筑形式、乡土植被、田园景观还是地方材料、民俗文化都能成为乡土景观营造的基础，都能够为乡土景观提供丰富的艺术源泉，从而丰富了乡土景观形式。

乡土元素存在于一定地域环境中，是乡土景观营造的基础。一般意义上来说，乡土元素可以概括为两大类，即乡土自然元素和乡土文化元素，乡土文化元素又可以细分为乡土物质文化元素和乡土非物质文化元素。完成基本分类后，对分类项逐一展开进行了探讨和举例，并论述了乡土元素与乡土景观的关系，即乡土元素能够延续乡村文脉、保护乡村生态环境、丰富乡土景观形式，为乡土元素在乡土景观营造中的具体运用研究奠定了基础。

第二节　乡土元素的应用理念

一、保护

乡土元素是乡土景观营造的符号与素材，对乡村整体景观特色化营造具有重要的作用。乡土元素中的历史文化、民间习俗、手工艺、建筑文化、乡村植被、聚落文化等是一个地区经过长时间的历史发展而形成的，是生产要素、生活要素和生态要素的外在表现，具有一定的历史性和传承性。而在乡村的发展过程中，人们会根据不同历史阶段的需求影响和改变乡土元素的内容和形式，从某些方面来说，乡土元素是地方居民智慧的结晶。因此在乡土景观中，应该保护乡土元素，从而传承和发展地域文脉，营造符合当地特色的乡土景观。

此外，在乡土景观营造时，既要保护好村落的自然水系肌理、街巷空间和当地的古树名木等乡土自然元素，又要考虑景观的实用性，遵循人性化的空间尺度，创造多功能空间，尊重村民的生活习惯，完善基础设施，提高乡村整体环境，从而营造一个具有亲切感的景观环境。例如在乡土景观营造中，应该注意营造小型的景观节点，将每一个小型的景观节点进行贯通，将小型的景观空间扩大成一个大的具有亲和感的大空间，避免大型构筑物设计，多配合乡土元素的应用，增加文化性和艺术性。

二、再现

乡土元素的再现是指对乡村整体景观形态进行分析，在保护的基础上对乡土元素进行模仿，通过模仿乡土元素来再现乡土景观与营造乡土意境。在对乡土元素进行再现时，避免呆板和生硬的模仿，如果一味机械地模仿某种乡土场景，不但不能取得理想的效果，还会造成乡土资源的浪费和自然环境的破坏。因此，再现乡土景观的前提，是要对乡土元素的特点和属性进行深入了解，分析乡土元素与乡村环境的本质联系，抓住要模仿对象的内涵。通过模仿乡土元素可以激发创造灵感，而通过这种创造灵感才能再现出有特色的乡土景观。

从某种意义上来说乡土景观是乡村的一个展示面，可以向当地村民、外地游客展示本地的风土人情、乡村文化、植被状况等。所以再现乡土元素，能够凸显当地特有的地域文化。可根据乡土人文性再现乡土元素，其中，乡土人文性是指要理解当地的地域文化和地域特色，而地域文化和地域特色又称为一个地区的历史人文背景，例如在龙门古村景观营造中，理解和提炼三国吴文化，发掘这个地区和三国文化相关的文化习俗，再现三国文化古村落。

因此在乡土景观营造中，要能够准确地挖掘和提炼具有地域特色的风情、风俗，并恰到好处地表现在乡土景观设计中，再现乡土景观，既要与乡村的整体景观格局融合，不能显得突兀，又要延续具有地域特征的乡土文化，塑造出独具特色的景观环境。

三、活化

活化乡土元素是指在保护和再现的前提下，通过科学的艺术手法和现代技术，把乡土元素进行提炼和抽象化处理，创造出新的形式和景观符号，并把他融入到景观设计中。如梅家坞茶文化村，以一个全新的形式展现出来，既保持了元素本身的形式美，又体现出了新时代乡土景观的新风采，形成一条周总理廉政文化教育专线。随着大量新型材料的出现，我们可以把传统的乡土自然材料与现代的新工艺材料巧妙的结合起来，如石材与钢板的结合、木材与玻璃、金属等的搭配，其目的是为了更加凸显出浓厚的乡土氛围。

在乡土景观营造时，需要深入了解场地各种有利素材和信息，保护传统文化，深入提取文化的本质内涵，再现乡土景观，通过一定的艺术手法活化乡土元素，赋予场地新的精神面貌。

第三节　乡土元素的应用场所

一、乡土元素在村落格局的应用

乡土文化元素对村落环境的营造往往起到一定的影响和引导作用，例如风水观念、文化习俗等，这些往往可以在村落的选址、布局、周围的山水关系、风水林、村口古树等方面体现出来。如新叶村、龙门古村，在风水理念的影响，村落整体格局都是背山面水，尤其突出村落水系脉络在整体环境营造的作用，使建筑群落与自然环境完美融合。这种传统文化元素在村落环境的表达，能够使各种自然要素和建筑群落合理布局和相互协调，形成具有地域特色的村落景观。

（一）与村落空间肌理的关系

空间肌理是对空间构成要素中的一种抽象性感知。乡村村落空间肌理是乡村内在系统和秩序形成的外在表现特征，它主要是指由乡村建筑物以及在建筑物之间起到联系作用的空间，如民居建筑、祠堂建筑、街巷、广场、院落等，围合而成的空间构成。与城市空间肌理相比，乡村空间肌理的形成具有自发组织发展特征，并在空间特征上呈现出明显的差异性。

乡村村落空间肌理受到了自上而下和自下而上的两大方面因素的影响。自上而下因素是指政治、经济、思想文化等，自下而上是指当地乡土建筑文化影响下的建筑单元空间形式、院落空间形式、建筑组团形式等。

而不同的村落，在不同的乡土文化影响下，会呈现不同风格的村落空间肌理。因此在乡土景观营造中，只有在设计中深入分析和理解乡土文化，才能有效的保护和延续乡村空间肌理。

（二）与村落空间尺度的关系

尺度是指物体比照参考标准或其他物体大小的尺寸，而空间尺度侧重于空间与空间构成要素的匹配关系，以及与人的观赏、使用等行为活动的生理适应关系，是人从心理和生理对周围环境的综合感知。它包括人与环境中的实体、实体所围合成的空间以及实体和空间自身的比例尺度关系。

在乡土景观中，不同的场所空间中具有不同的空间尺度关系，有显高大挺拔、有显亲切宜人，例如乡村广场、街巷、院落，经过长久的村落更新，他们之间形成一种和谐的空间尺度关系，演变成一种文化。如人们对古村落中的街巷及院落空间容易产生亲和感和归属感，就是因为他们之间存在和谐的比例关系。

例如在广西云庐民宿改造中，设计师充分考虑在传统建筑群体中，人与建筑、建筑与道路、建筑与环境之间所形成的尺度关系。这种尺度是在自然条件和人文环境的共同作用下所形成独特的关系，设计者通过恢复和借用当地的这种尺度关系，给人一种传统空间的原真性体验，从而让人感受到强烈的归属感，保证了乡土文化在民宿改造中的传承。

（三）与村落空间界面的关系

空间界面是指空间和实体要素的交界面，而空间因为界面的限制和对比才有了活力。从界面的方向性上看，水平界面和垂直界面是乡村空间界面中两大界面，水平界面一般是由街巷、水系、道路等组成，垂直界面一般是由指建筑物外墙、建筑物的门面等组成。在乡土景观的空间界面中，对乡土元素的主要表达界面是乡土建筑和道路所组成的界面。建筑的门窗、装饰以及道路的平面形式和铺装材料，不仅是乡土元素的外在物质表现，同时也是人们对乡土景观产生整体印象的重要影响因素。

在乡土景观营造中，对村落空间界面的设计要在形式风格、细部装饰、材料等总体形态上保持统一，避免杂乱。同时要注重各个界面相互之间的过渡，而且要结合现代的技术和艺术手法体现出地方文化，以免过于单调沉闷。

二、乡土元素在乡村公共空间的应用

在乡村生活中，村民需要不同的活动场所和环境以满足生产、交流、休息等行为活动，这种场所不仅仅是一个明确的建筑或者空间，而且还应该具有某种精神文化内涵。乡村街巷、乡村广场、村口是常见的乡村活动空间，也是乡土元素表达的重要场所。

（一）乡村街巷空间的营建

乡村街巷是构成乡村空间结构的基础，也是表达乡土文化的重要场所，具有串联不同建筑空间的作用，可以使乡村成为一个完整的体验网络。与乡村庭院相比，乡村街巷的公共性和开放性更强，并且具有交通功能、商业功能和增强邻里之间交往的作用。不同功能的乡村街巷具有不同的空间性格，也展现着不同的乡土元素。

与城市街巷相比，乡村街巷空间形态不但连续性强，而且更具有丰富的转折和变化，这不仅体现了乡土景观自发组织、非秩序化发展的特征，同时也创造了多样的景观视觉空间体验。在乡土景观营造中，不但要保护这种原有的乡村街巷空间形态，同时也要合理把握街道的尺度关系，保障交通流畅，从而避免对居民的生活和景观环境造成影响和破坏，形成一个具有围合感的空间氛围，街巷两旁设置不同的乡土景观小品和休息设施，通过各种乡土元素的表达，为左邻右舍创造温馨亲切而又充满人情味的空间场所。

（二）乡村广场空间的营建

我国乡村地区长时间受小农经济的支配，呈现着男耕女织和自给自足的生活状态，加上封建宗法礼制的影响，使得传统文化具有内敛含蓄的特点，乡村公共生活未受到足够重视，因此传统村镇中作为公共活动空间的广场多为自发性形成，且严格意义上的广场并不多。

相比较城市广场，乡村广场在布局形式上、空间上和功能上都有着明显的差别。一般来说城市广场布局形式相对丰富、空间类型多样，在功能上多以满足市民的休闲、交流等社交活动为主。而乡村广场布局相对紧凑、空间简单，一般是为服务村内公共建筑的外向延伸空间或是街巷局部扩大而形成的空间，例如村内祠堂前的广场、街巷节点广场等。

乡村广场由于其常常是自发形成的，面积通常不大，边界相对来说比较模糊，外轮阔形态呈现不规则的几何形态，但是具有良好的比例关系，围合感较强。而对于乡村自身来说，广场也是展示乡土文化的重要场所，在乡村广场中常常开展各种民俗旅游活动，游客和村民可以通过这种活动的熏陶在心理上形成稳固的文化景观形象。有时候乡村广场会成为人们放置农业作物，或者成为周边居民晒衣晾被的地方，这也不失为一种充满生活气息的乡土景观。在一些入口的广场中常布置牌坊和照壁等传统元素，表达出乡土文化特色。

乡村广场通常以铺装场地为主，单纯的硬质铺装常会显得单调乏味，可通过不同的乡土材料拼接转换或者乡土物件小品的装饰。如广场铺装通过卵石、瓦片、老石板等不同材料的图案构成，形成寓意美好的图案，用以表达文化创意，形成不同的空间氛围。材料之间的空隙还能有助于地面排水，生态而自然。调查发现，乡村旅游发展比较完善的地方，其铺装不仅精致和富有乡土气息，而且往往通过铺装形式组织游览路线。

（三）乡村村口景观营建

村口是每个村子景观的形象展示区，是人们进入村落的第一印象。作为乡村的门面，村口是乡村形象的重要标志，是乡村街道的起始点，是乡村与外界联系的重要场地。村口具有三方面的作用：其一是门户作用，即村口作为与外界关联的交通关卡，是进出乡村的必经之处；其二是象征作用，即村口的标志性景物凸显村口的重要地位；其三是文化作用，即村口景物往往蕴含深刻的历史文化内涵，是乡村具有代表性意义的节点空间。

在乡土景观规划设计中，村口景观往往是乡土元素重要的表达的场所，是乡村文化、民俗风情的集中体现。通常由多种景观要素构成：首先，地形处理要呼应原地形特点，因地制宜的体现乡土风貌特色；铺装设计简洁大方，材质多选择以乡土材料为主；整体植物景观以村口树、风水林为主；建筑物主要为村门、寺庙、书院、牌坊、古亭、水桥等。村口景观的主题立意要与传统文化相结合，应该成为乡村文化、民俗风情的集中体现场地。

村口景观可以通过各种乡土艺术化的景观小品的布置，如村口景墙、乡土主题雕塑，塑造具有乡土特色的村口景观形象，加深游客对村落整体文化的景观感知，有较强的视觉冲击力。乡村村口主要以广场式和道路入口式为主，广场式村口主要在视觉焦点上的布置乡土主题化的景观小品，能够产生视线聚集的效果。道路式入口多沿道路边界布置乡土景观小品。

三、乡土元素在乡村庭院空间的应用

庭院自古以来就是我国传统建筑中重要的一部分。乡村庭院一般是指由主体居住建筑（不包括主体建筑内的空间）与外围其它实体要素围合而成的空间，常见的实体要素有围墙、篱笆、毛石墙等。而庭院空间不仅是家人种植花草果蔬的地方，还是维系家人情感的重要场所，庭院景观是居住者的生活态度和审美思想的体现。因此庭院往往不仅是一种围合，更是一种场所精神的空间形态，它是具有情感的，如在北方的传统乡村中，家中常种植槐树，槐树不仅是一种良好的建筑木材和中药，同时也是一种生命力的象征。而在南方地区，家中往往会种植桂花或者枇杷等。桂花代表的是吉祥、考试及第（折桂）的寓意，枇杷则是被人们称为“备四时之气”的佳果。

在乡土景观设计中，建筑物不同的排列和组合形式会形成不同性质的院落形式。庭院的内容是丰富多样的，配置乡村草花、乡土景墙、乡土装饰物件等具有乡土文化内涵的景观小品，突出乡村庭院的乡土情怀性和生态性，形成一个充满乡村生活气息的活动场所。且庭院根据每个家庭的不同生活方式、不同的思想观念和不同的经济等条件所形成的空间往往具有不同的“气质”，而这种气质的营造就是对当地生活气息的表达，同时也是乡土元素一种应用体现。

第四节　乡土自然元素的应用

一、组合材料，体现乡土心意

（一）乡土材料与新材料的创新组合

乡土材料有很多的种类，例如竹木、砖瓦、生土等这些可循环利用的原生材料，在乡土景观应用时能够表达出浓厚的乡土气息，同时也具有低碳环保的效果，但是在乡村景营造上还是有其局限性，在某些方面无法满足时代的进步和现代人的审美需求。例如广大乡村都种植大片的竹园，竹材料也成为最容易获的乡土材料之一，但是竹材料因为其质地和结构原因导致其使用寿命有限，这就需要我们不断的改进其防腐技术和与其它现代材料搭配使用，做好现代材料和乡土材料的融合，让两种材料做到取长补短，可以满足地域性文化景观的表现又能满足现代形式美，使两者取长补短。

例如在莫干山裸心小馆的建设中，就是以竹子与废弃钢模板结合的做法，设计师旨在说明当今废弃的材料与传统材料共存并不矛盾而是需要找到合理的再生模式，裸心小馆竹结构屋架形式充分发挥了材料性能及易施工造价低等特点。沿用传统的技术，为达到防腐

效果，将竹子用热水煮沸去油，再进行火烤，加热过程竹子变软，按外力作用弯曲成状。竹子本身是圆筒形，节点交接比较困难，因此设计师采用了螺杆连接方式。而自身轻盈、耐腐性强的竹梢是屋顶的最佳覆盖材料。

（二）乡土材料色彩与纹理的搭配组合

人们对色彩变化的感知都会对心理或者生理上产生显著的影响，不同的色彩的变化能够引起人们情绪上的变化，例如，愉悦、难过、抑郁以及暴躁等。而乡土材料因材质的不同而具有不同的色调，例如生土材料、竹木、河卵石，整体色调以暖色调为主，给人温暖和古朴的视觉感受，易于营造出具有厚重感和沧桑感的景观氛围。砖石、青瓦材料整体色调偏冷，与生土材料等暖色调搭配会形成较为强烈的对比。乡土材料的材质肌理也是丰富多样，不同的材料肌理，也会让人形成不同的情感体验，如夯土墙，草泥抹灰墙有着自己粗犷豪迈性格特点，砖石材料因为不同砌筑方式也会产生不同的纹理感，很多老石板因长时间的自然因素和人文因素的损坏而产生不同特点的肌理，呈现在浓厚的乡土气息。

因此，在乡土景观营造中，要考虑到乡土材料不同色调和质感以及纹理的搭配，注意冷暖色调的对比和融合，这样营造出的景观才能够成为真正赏析悦目的乡土景观，例如在龙门古村中，很多腌菜缸子被用作种植器皿，腌菜缸子整体色调较为稳重，与各种鲜花搭配，形成一种古朴和现代结合的视觉感受。

（三）相同乡土材料不同尺度的搭配与组合

乡土材料对尺度类型的应用，主要体现在材料的形状大小，在乡土景观营造中，材料带来的尺度感受，最重要的一点就是体现在道路铺装的材料尺度的选择控制上，在村落景观中，石材铺地由于其不规则的砌筑方式，产生了不同规格的石块，在村落主干道上，铺装多在中间采用大块的老石板，两边以河卵石铺砌，方便了村民的出行，特别是村中的老年人，在乡村次级干道上，则选用小块中等的河卵石，给人宁静古朴的乡土氛围。

二、引借乡土风貌，融入原生环境

在乡土景观规划设计之前，需要对现场进行调研和分析，收集相关地形地貌资料，并结合场地的地形图，从整体上把握整个村落的地形地貌特点，分析出场地的优劣势以及附近有无水体可以利用，有无山体景观可以借景。结合场地整体光照和风向，布置不同性质的场所空间。作为景观设计师，应该利用原有的地貌特征，根据场地的设计思路，充分利用其景观优势进行适当的改造和整理，营造一个舒适宜人的乡土景观环境，满足村民对美好自然生态环境的心理追求。

（一）作为乡土景观的整体骨架

乡村地形地貌是构成乡土景观的基本骨架，从乡土景观整体上看，可以发现，很多村落整体的景观骨架是山、水、农田和建筑群落和道路。因乡村地形地貌的不同，会形成不同形态特征的乡土景观，例如以山水景观为主、以农田景观为主、以古村落景观为主等。因此在乡土景观营造中，要尊重场地的自然地形地貌特征，并在此基础上构建出乡土景观的整体骨架，形成与当地地形地貌相融合的景观。在调研的杭州市梅家坞茶文化村、外桐坞村以及指南村等，就很好的利用当地的山、茶园、村落、水系、形成完整的乡土景观骨架，他们之间相互渗透、相互融合，营造出独具特色的乡土景观。

（二）划分功能分区和组织空间形式

平地、丘陵、山地、水系是常见的乡土地形地貌。这些地形地貌因为性质不同而具有不同的优劣势，在乡土景观营造时，我们要充分分析其地形优劣势，对于不好的一面做出调整，化劣势为优势，构建一个因地形地貌不同而性质不同的功能分区和空间形式，例如常见的滨水景观区、茶山锻炼区、山地登高望远区等。

一般来说，平地是指地形较为平坦或者没有大的地形起伏变化的区域，在乡土景观营造中，可以在此类地形上布置满足村民日常生活和集散活动的景观节点，例如常见的乡村古树节点广场、村活动中心广场、停车场等。丘陵是指地形起伏较大、坡度较缓和的地区，在乡土景观中，丘陵景观具有较为丰富的空间层次，例如丘陵茶山景观。在此区域，可以布置景观亭和茶山有氧步道，满足当地村民的生产生活需求和外来游客的观赏体验需求。水系不仅是万物的生命根源，它还能使景观变得更加生动、丰富，在乡土景观中，水系因结构特征不同而形成不同的景观形态，例如溪流景观、水塘景观、河流景观、湖泊景观等，在乡土景观设计中，要充分利用乡村水系形态的自由性、岸线的曲折性和生境的丰富性，布置亲水平台，营造优美的水系景观。山地是高差相对较大的一种地形，在乡村山地景观营造中，充分利用地形的起伏变化，配合植物设计等因素，注重空间的开合层次，构建一个空间变化丰富的景观环境。例如山顶观景平台的布置，满足居民日常活动对空间环境的不同需求。

（三）利用乡土地形地貌满足地表排水和改善乡村小气候

在景观设计时，通常都会遇到道路、广场、建筑等排水问题，排水设施是指在一个地区中将地表水（地表径流）或地下水任其自然或以人为方式排除的设施。在乡土景观设计时，要善于利用基地的地形地貌，避免对乡土地形地貌的破坏，选择自然的地表排水方式进行景观排水。一般来说，乡土的地形地貌经过长时间的演变已经形成稳定的分水和汇水线，尽可能少的设置排水沟，不仅能达到美观效果，同时也满足了生态经济性原则。例如龙门古村、狄浦村、郭洞村等，都会有一条完整的水系，水系从山里留下然后经过每一户村民家，汇聚到村中心形成水塘，多余的水从水塘溢出并流向村外的水系中。形成完整的排水系统，不仅满足村民的生活和消防的需求，同时也形成一道景观。

一般来说，小气候是由地形、水体、和植被等因素产生。丰富的地貌地形能够改变风速风向、改善光照和阻隔噪音。在乡土景观设计时，依据当地的气候特点，充分利用地形地貌改善局部的小气候，营造一个夏季通风、冬季可以抵御寒风的居住环境，并布置多种景观建筑和休闲设施，形成景观节点。

三、提取乡土色彩，体现场地文脉

色彩是生活的装饰物，能够美化人的生活环境，给居民创造一个多彩的生活环境，使居民的心情感到愉悦。将乡土色彩运用到乡土景观设计中，既能产生丰富的色彩体验，又能够体现地方特色。

（一）深入了解地域环境，提取乡土色彩

乡土色彩是人们对乡村整体景观形象上的一种感知，包含了乡土环境、传统民居、当地植被、景观小品和公共设施上一个整体的视觉感受，是千百年来气候、环境、文化所共同形成的适应本地自然环境、村民心理特征和生活期盼的原生态色彩偏好。在乡土景观营造之前，应当深入地域的整体环境、风貌和文化等，从而挖掘具有地域风格的乡土色彩。只有对原居住环境深刻的理解，才容易提取出具有代表性的乡土色彩。

（二）有序组合色彩，突出乡土色彩的主导作用

在乡土景观设计时运用乡土色彩，应当把握整体色调，并且合理地结合其它乡土元素的运用，形成一个有机整体。在确定整体色调后，充分地突出乡土色彩的主导作用，营造具有地域特征的景观小品，使村民和外来游客感受到当地的乡土特色。

乡土色彩的整体基调是对乡土环境意象的整体把握，对于景观细节上的表现，应该合理的搭配乡土色彩。在整体色调以乡土色彩为主色调的基础上，可以适当增加其它色彩种类，并将其合理的搭配，打破相对单一的色彩氛围。

杭州地区，传统民居墙面多粉刷白色，房屋外部的木构部分常用褐、黑、墨绿等颜色，整体色调为粉墙黛瓦，在新建的民居多是延续整体的建筑色调，素雅明净，能够与周围的自然山水环境结合起来，形成景色如画的水乡环境，例如梅家坞、外桐坞、蒋家村等新建或改造的民居，整体色调以黑白灰色调为基础，在一些建筑街巷增添一些红灯笼等其它景观元素，以打破相对沉闷的景观空间。

（三）符合村民的审美标准

乡土景观的观赏者，从整体上来说是以乡村居民为主，而乡村村民相对于城市居民，其文化水平、收入水平相对较低，年龄结构相对复杂，接受新事物的水平相对较慢。因此在提取乡土色彩时，颜色的选择要相对简洁，不宜过于多变，颜色多变会让村民对营造的景观感觉陌生，缺乏亲和感。此外，相对简单、质朴的乡土色彩更易融于朴素的乡村环境。

四、结合植物文化，提炼村花、村树

（一）运用乡土植物创造意境

在我国传统植物文化中，常把植物进行人格化，被赋予独特的品格特征，并把自己的情感追求寄托在植物上，达到一种托物言志的效果。例如，竹子因空心象征虚心好学的品质感有节，象征着有节操。菊花历来是隐士的代表，兰花是君子的代表。在很多乡土景观调查中发现，很多村民喜欢在自家院子旁种植玉兰、海棠、迎春、牡丹、桂花，象征着“玉堂春富贵”。此外，在乡村，种植桃花代表着幸福和交好运，种植桑树、梓树寓意着对故乡的留恋，凡此种种，表达了乡村植物的景观文化内涵，创造了乡土植物景观的意境美。因此，在乡土景观营造中把这种植物文化与所要设计的场地结合起来，赋予场地各种情感属性，创造具有一定乡土意境的景观。

（二）结合诗歌、画理营建乡土植物景观

早在先秦时期，就出现了诗歌与植物景观的结合，例如《诗经》就有大量关于植物的描述。《楚辞》中更是将各种香草花木比喻成人的高尚品质。孔子的《论语》，南宋陈景浙《全芳备祖》，明王象谱的《群芳谱》，都将植物融入到诗词典故上，赋予特殊的精神内涵。清代曹雪芹在《红楼梦》更是各种植物诗词应用到大观园中，处处都是根据诗歌取材的植物景观，起到点景的作用，如有凤来仪、怡红快绿、蘅芷清芬等。显然，这种营造

形式也可以应用到乡土景观营造中，利用关于描写茅草、稻田、菜地、茶园等有关诗句，结合茅草亭、木亭等，形成具有文化内涵的乡土景观。

（三）根据乡村文化和环境，提炼村花、村果、村树

根据设计场所的历史文脉和自然环境、地域风俗等等，选择与之相应乡土树种和种植方式营造特色景观。提炼出村花、村果、村树，达到一村一树、一村一花或者一村一果。常见的乡土观花树种有山茶、月季、杜鹃、桂花、玉兰、樱花等，常见的乡土观果树种有石榴、枇杷、香橼等。在杭州外桐坞村，由于历史的原因，种植了很多的石榴，而石榴也成为这里的村树，具有浓郁的地域特点。

第五节　乡土文化元素的应用

乡村建筑文化、民间艺术、历史典故、风水文化等乡土文化是乡土景观设计中常用的艺术语言，通过对这些元素的挖掘，能够营造出具有地域特色和符合村民审美需求的乡土景观。乡土文化元素是一种精神文化形态，需要运用艺术语言将其物化成物质形态，形成一种景观符号，才能在景观环境中应用。

一、挖掘乡土文化，形成乡土符号

对于提取乡土符号的前提，应对该地区的乡土文化有相当深刻的理解，深入了解乡土文化后，才有可能提取出最具有代表性的乡土符号。元素形态的提取主要从“形”“质”“色”“人”“韵”这几个设计的基本层面进行分别的提取并加以运用。将提取的元素图形化，即为提取的乡土文化符号。

二、简化和抽象乡土符号

将乡土符号运用到景观设计中时，应将乡土符号进行简化，提取该符号中最具有特色的形态，然后将其抽象，运用点、线、面的艺术语言将它表现出来。其形成的图形，可以用来传达方案设计的整体思路，或将其运用到景观设计的某一个方面。乡土文化常见的抽象表达手法有：陈列、集聚、夸张、引借、凝练、变异等。

如屋顶形式的抽象提取：从建筑总体上来说，屋顶是乡土建筑最有特色的一部分，坡面和曲面是常见的乡土建筑屋面形式之一，通过对其物质形态进行抽取、重组和变形，可以演化成多样的线条形式，作为一种景观元素可以应用到乡土景观的营造中。杭州富阳东梓关回迁农居在继承乡土建筑形式的基础上，提取江南民居中常见的曲线屋顶。并将传统的对坡屋顶或单坡屋顶重构成连续的、不对称坡屋顶，针对不同单元的自身的形体关系塑造相互匹配的屋面线条轮廓。单体量的独立性与群体屋面的连续感产生微妙的对话关系。

墙体形式的抽象提取：马头墙、云墙是江南建筑中较为突出的墙体形式，在乡土景观营造中，可以将其形式简洁化，把马头墙的造型和色彩应用到景观构筑物中，能够形成一定的视觉冲击力。门窗形式的抽象提取：门窗的应用可通过对传统造型进行模仿，也可以对门窗的形式进行抽象化，或者对门窗的纹理进行借鉴。例如在乡村景墙中，乡土建筑门

窗的形式和图案纹理经常应用到其中，形成对乡土文化的传承和展示的景观载体，抽象化的门窗和纹理在乡村景墙上的应用，可以让景墙观赏界面更加丰富，富有乡村气息。

三、运用景观载体表达乡土文化

乡土符号运用到景观设计中，往往是以图形化的形式出现。景观设计中图形化的设计涉及范围较广，包含了景观整体结构设计、铺装拼花设计、植物设计、灯具设计、导视系统的设计等。应该将提取的乡土符号运用到乡土景观设计的方方面面，充分的展示乡土文化。

随着景观设计的发展，对于乡土文化的重视度逐渐提升，其兼具代表性的乡土符号在景观设计中随处可见。景观设计应当做到与时俱进，乡土符号应当随着时代的发展而发展，应当运用新的艺术语言，将其表现出来，展现其具有时代特征的乡土符号。选择合适的景观载体表达乡土文化，常见的景观载体有：景观雕塑、地面铺装、建筑物上的装饰、景观小品、景墙等。

第四章　乡村景观规划设计

第一节　乡村景观规划的含义

乡村景观规划需要以当地实际情况为根本出发点，同时秉承着科学的规划原则，从而使乡村景观更好地为乡村服务。本节首先对乡村景观规划展开论述。

一、乡村景观规划的基础内容

（一）内容

乡村景观规划首先需要明确其内容，才能更好地进行后续规划实践。在具体的乡村景观规划过程中，需要考虑以下几个方面的内容：①乡村景观资源利用的现状。②乡村景观的类型与特点。③乡村景观的结构与布局。④乡村景观的变迁及其原因。⑤乡村的产业结构及其经济状况。⑥乡村不同的生产活动和社会活动。⑦乡村居民的生活要求。

（二）目标与原则

1. 乡村景观规划的目标

乡村景观是指村庄中的生产、生态、生活的景观。从这个意义上说，乡村景观规划也应该涵盖上述三个层面。

乡村景观规划是一项综合性的规划，需要不断均衡生产、生活、生态的不同方面，也就是需要兼顾经济、生活、环境，让三者均衡发展。

乡村景观规划的目标就是应用不同学科的理论与方法，通过乡村景观资源的分析与评价、开发与利用、保护与管理，保护乡村景观的完整性和乡土文化，挖掘乡村景观的经济价值，保护村庄的生态环境，实现村庄的社会、经济和生态的持续协调发展。

根据乡村景观规划的发展目标，乡村景观规划的核心包括以农业为主体的生产性景观规划、以聚居环境为核心的乡村聚落景观规划和以自然生态为目标的乡村生态景观规划。

2. 乡村景观规划的原则

乡村景观规划是一个科学的过程，因此需要以一定的原则进行指导。具体来说，乡村景观规划的原则体现在以下几个方面。

（1）整体性原则

乡村景观规划首先需要遵循整体性原则。这是因为景观的营造并不是对单一景观元素的表达，而是对乡村场景进行的整体优化过程。

在乡村景观规划过程中，需要重视村落整体空间布局与景观要素、交通路线的组织，同时重视对地域特征的塑造、田园意境的营造和乡土文化内涵的传达。在乡土景观设计中，充分协调和组合建筑的材料和色彩，合理搭配地形地貌、村落的空间序列、道路和绿化各种组合关系，使得乡土景观的重塑和乡土意境的营造具有较强的可识别性。

尽管在进行乡村景观规划的时候，构建实体的物体是重要的因素，但是人的因素也是不可忽视的，地域环境中的人文生活需要给予高度重视。因此，整体性原则必须对设计的方法、对象、目标和要素等内容进行高度的融合，才能创造出属于当地的乡土景观。

（2）保护性原则

保护性原则是指在进行乡村景观规划过程中应该重视对不同类型的乡土景观的保护。对一些比较重要的区域和地段可以进行集中的保护，而对那些特色鲜明、具有历史文化价值的乡土景观则需要完全的保护，不需要整治、修葺，可以就地原样保护，这既是对历史的尊重也是对乡土景观最有效的保护和再现。

（3）地域性原则

不同的地域带有不同的地形地貌、人文环境等。因此，在进行乡村景观规划的过程中需要遵循地域性原则，充分考虑乡土植物、景观本身的价值，从而挖掘背后的规划路径。

乡村景观的规划离不开人为因素的介入。在规划过程中，对乡村场地、资源进行考量，就显得尤为重要。除此之外，地域性原则还体现在对地域文化的提炼以及对乡村人生活方式的尊重与认同。

（4）可持续发展原则

乡村景观规划的发展和社会的发展是密不可分的，在经济的快速发展之后，无论哪个国家都不可避免地出现了生态环境的恶化。因此，节能、环保、绿色、生态设计的概念贯彻在各个领域中，当然包括城市规划、建筑设计、景观设计等在内。

在进行乡村景观规划的过程中，应该重视生态环境的保护，严格按照可持续发展原则进行规划。规划者需要加强对自然群落的保护。乡村景观规划中对生态环境的保护，是实现乡村景观的生态效应和可持续发展最有力的保障，乡村景观文化的独特性和其他景观的营造有着本质的区别。因此，在乡村景观规划中，应充分考虑村庄未来的建设定位，以及对未来发展趋势产生的影响，给未来的村庄建设留下充足的发展空间。

（5）因地制宜原则

因地制宜原则是指在乡村景观规划过程中要强调地域文化以及地域特点的外在表现，从而在建筑过程中展现出地域独有的风貌特点，最终让景观与环境能够更好地融合。

我国幅员辽阔，因此各地乡村在自然环境和人文环境上都带有自身的特点。因此，乡村景观规划需要遵循因地制宜原则，对不同类型的乡村进行不同元素的设计与归化，这样才能保证乡村景观的地域性与识别性。

需要指出的是，地域性原则不仅要求对不同地域的景观进行区分，同时对于同一地域中的不同情况也需要进行重要区别。乡村景观规划最终是为了与环境实现协调发展。在规划过程中应该重视对传统的继承，平衡好传承与发展的关系。

（三）层次与过程

1. 乡村景观规划的层次

大体上说，乡村景观规划可以分为总体规划阶段与详细规划阶段。按照层次划分，可以将乡村景观规划分为区域乡村景观规划、乡村景观总体规划和乡村景观修建性详细规划三个层次。

(1) 区域乡村景观规划

区域乡村景观规划是针对县域城镇体系的规划，是联系城市规划和村镇规划的纽带。它确定区域乡村景观的整体发展目标与方向，确定区域乡村景观空间格局与布局，用以指导乡村景观总体规划的编制。

(2) 乡村景观总体规划

乡村景观总体规划是针对村镇总体的规划，内容包括确定乡村景观的类型、结构与特点，景观资源评价，景观资源开发与利用方向，乡村景观格局与布局等。

(3) 乡村景观修建性详细规划

乡村景观修建性详细规划是针对村镇规划中的村庄、集镇建设的规划，应在乡村景观总体规划的指导下，对近期乡村景观建设项目进行具体的安排和详细的设计。

2. 乡村景观规划的过程

乡村景观规划需要具有一定的程序与步骤，从而更好地补充现行乡村规划，同时更好地发展乡村的个体性。具体来说，乡村景观规划的过程包括以下几个方面。

(1) 委托任务

当地政府根据发展需要，提出乡村景观规划任务，包括规划范围、目标、内容以及提交的成果和时间，委托有实力和有资质的规划设计单位进行规划编制。

(2) 前期准备

接受规划任务后，规划编制单位从专业角度对规划任务提出建议，必要时与当地政府和有关部门进行座谈，完善规划任务，进一步明确规划的目标和原则。在此基础上，起草工作计划，组织规划队伍，明确专业分工，提出实地调研的内容和资料清单，确定主要研究课题。

(3) 实地调研

根据提出的调研内容和资料清单，通过实地考察、访问座谈、问卷调查等手段，对规划地区的情况和问题、重点地区等进行实地调查研究，收集规划所需的社会、经济、环境、文化以及相关法规、政策和规划等各种基础资料，为下一阶段的分析、评价及规划设计做资料和数据准备。

资料工作是规划设计与编制的前提和基础，乡村景观规划也不例外。在进行乡村景观规划之前，应尽可能全面地、系统地收集基础资料，在分析的基础上，提出乡村景观的发展方向和规划原则。也可以说，对于一个地区乡村景观的规划思想，经常是在收集、整理和分析基础资料的过程中逐步形成的。

(4) 分析评价

乡村景观分析与评价是乡村景观规划的基础和依据。主要包括乡村景观资源利用状况评述，村庄土地利用现状分析，乡村景观类型、结构与特点分析，乡村景观空间结构与布局分析，乡村景观变迁分析等。

(5) 规划研究

根据乡村景观分析与评价以及专题研究，拟定乡村景观可能的发展方向和目标，进行多方案的乡村景观规划与设计，并编写规划报告。

（6）方案优选

方案优选是最终获取切实可行和合理的乡村景观规划的重要步骤，这是通过规划评价、专家评审和公众参与来完成的。其中，规划评价是检验规划是否能达到预期的目标；专家评审是对规划进行技术论证和成果鉴定；公众参与是最大限度地满足利益主体的合理要求。

（7）提交成果

经过方案优选，对最终确定的规划方案进行完善和修改，在此基础上，编制并提交最终规划成果。

（8）规划审批

根据《中华人民共和国城市规划法》的规定，城市规划实行分级审批，乡村景观规划也不例外。乡村景观规划编制完成后，必须经上一级人民政府审批。审批后的规划具有法律效力，应严格执行，不得擅自改变，这样才能有效地保证规划的实施。

二、乡村景观规划的不同编制

乡村景观规划的编制应根据区域乡村景观规划、乡村景观总体规划和乡村景观修建性详细规划的不同规划阶段和层次的具体要求，编制相应的规划内容。

（一）区域乡村景观规划

区域乡村景观规划（regional rural landscape planning）对村庄区域范围内的景观格局所做的整体部署，是对乡村景观资源开发与利用、保护与管理的具体安排。

这种规划的主要任务是应用景观生态学和生态美学的理论对区域范围内的乡村景观类型、景观价值、景观资源开发与利用方式以及景观演变趋势等进行调查研究，分析存在的主要问题，明确区域乡村景观的整体格局和发展方向，对区域范围内的基质、斑块和廊道提出合理的布局、规模和比例，指导乡村景观总体规划。

1. 范围界定

对于区域景观规划，区域是根据景观属性和景观空间形态两方面的空间差异性来划分的。

景观属性主要是以景观组成要素，如地形地貌、植被、土壤类型和土地利用类型等作为划分依据的；景观空间形态是以描述景观空间格局的斑块、廊道和基质为依据的。因此，区域乡村景观规划原则上应该是以具有相同景观属性，并具有明显的空间形态特征的区域作为规划研究范围。

然而，这与现行城市规划和村镇规划以行政区的划分是不吻合的，这就存在区域景观规划研究的范围可能在一个行政区内，也可能涉及若干个行政区。尤其是涉及若干个行政区时，就会出现与相关规划的衔接和协调问题。因此，在实际规划操作中，按照现行的行政区划分进行区域乡村景观规划更具有现实意义。

目前，中国进入城市化快速发展阶段，发展小城镇成为提高城市化水平的有效手段。小城镇被认为是介于城市和村庄的过渡阶段和地区。县域城镇体系规划涉及的城镇包括建制镇、独立工矿区和集镇，是对县域范围小城镇体系的全面部署和安排。

因此，县域城镇体系规划最能全面反映城市化对村庄地区和乡村景观的影响。综合考虑村庄概念的界定以及城市化对乡村景观的影响，区域乡村景观规划范围按城镇体系规划的最低层次的规定，一般按县域行政区进行划定。这不仅符合区域规划把城市、村庄及永久农业地区作为区域综合体组成部分的原则，也能与现行的城市规划和村镇规划更好地衔接和协调。根据国家和地方发展的需要，可以编制跨县行政区的区域乡村景观规划。在实际规划中，也需要考虑区域景观规划的特点，可在县域行政区范围的基础上适当放大，尽量考虑景观区域的完整性。

2. 具体内容

区域乡村景观规划时应该联系相应区域的国民经济与社会发展长远计划，并以农村区划、县域区划、土地利用总体规划为具体的依据，做到区域乡村景观规划和相应的城镇体系相协调。具体来说，内容应该包括以下几个方面：①研究区域内部城镇体系的布点、等级、规模、结构，并研究城镇的历史文化、人口规模、建设用地发展规模与发展方向、交通联系等。②研究区域内城市化发展的水平和趋势，包括近期和远期的小城镇发展状况、城市化对乡村景观格局与布局的影响以及乡村景观演变的趋势。③研究区域内大型国家基础设施，如高速公路、国道、铁道、发电厂、变电所、输油管道、输气管道、水库以及水坝等的分布对村庄环境和景观的影响。④研究区域内斑块、廊道规模、大小和布局。⑤研究区域内村庄地区的产业结构的比例、多种经济发展状况以及当地村庄居民的收入水平和生活水平。⑥研究区域内乡村景观的类型、分布与特点，以及景观资源利用现状和发展潜力。⑦研究区域内村庄生态环境的基本状况，确定基本农田、林地、草场和水系保护范围。⑧区域乡村景观总体规划布局。

3. 成果要求

区域乡村景观规划的成果包括规划说明书和规划图纸两个部分。

（1）规划说明书

区域乡村景观说明书主要表述调查、分析和研究成果，特别是规划图纸无法表述的内容。规划说明书的编写必须表述清楚、简练、层次分明，资料分析透彻，指标预测准确并具有前瞻性，有具体的规划实施措施。对于内容较多的规划，可撰写若干专题说明。

规划说明书的内容主要包括：现状；分析与评价；目标预测；总体规划布局；规划实施措施；专题规划说明。

（2）规划图纸

规划图纸包括：区位图（包括地理位置和周围环境）；规划范围图；现状图（包括中心镇、一般集镇、中心村、基层村分布位置，土地利用，基础设施道路，水系分布，农作物分布，环境污染等），根据内容多少，可合并或分开表示；景观分类图；用地评价图；规划布局总图。

（二）乡村景观总体规划

乡村景观总体规划（master plan of rural landscape）是指乡级行政区域内的景观总体规划，是对规划区内各景观要素的整体布局和统筹安排。

总体规划的主要任务是根据所在地区的区域乡村景观规划格局，研究该地区的乡村景观吸引力、生命力和承载力，预测乡村景观的发展目标，进行乡村景观的结构布局，确定乡村景观的空间形态，综合安排生活、生产和生态各项景观建设。它是乡村景观详细规划的依据。

1. 具体内容

乡村景观总体规划是以区域乡村景观规划、乡（镇）域规划、农业区划、土地利用总体规划为依据，并同村镇总体规划相协调，包括乡（镇）域村镇体系规划、中心镇和一般镇的总体规划。其具体的工作包括以下内容：①确定规划期限。乡村景观总体规划应与村镇总体规划期限相适应，一般为10~20年。②研究区域内村镇体系的布点、等级、规模和结构，建设用地发展规模与发展方向，以及村镇之间的交通联系。③进行农作物土地适应性评价。提出农业经济发展方向，在满足生产、生活要求的基础上，提出农作物改种的建议。④研究区域内的历史文化，当地居民的价值观念、生活方式以及要求和愿望。⑤研究当地的建筑布局、特征、风格、材质和色彩，并提出规划或更新建议。⑥制定区域内生态环境、自然和人文景观以及历史文化遗产的保护范围、原则和措施。⑦研究区域内居民点、农田、道路、绿化、水系和旅游等专项。⑧明确分期开发建设的时段和项目，确定近期建设的规划范围和景观项目。⑨乡村景观规划建设的投资与效益估算。⑩提出实施规划的政策和措施。

2. 成果要求

乡村景观总体规划的成果主要包括规划文件和规划图纸。

（1）规划文件

根据城市规划编制办法，乡村景观总体规划文件包括规划文本和附件。其中，规划文本是对规划的目标、原则和内容提出规定性和指导性要求的文件，附件是对规划文本的具体解释，包括规划设计说明书、专题规划报告和基础资料汇编。规划设计说明书应分析现状，论证规划意图和目标，解释和说明规划内容。

（2）规划图纸

乡村景观总体规划图纸主要包括：区位图（包括地理位置和周围环境）；现状图（包括地形地貌、道路交通、水系分布、土地利用等现状，根据需要可分别或综合绘制）；乡村景观分类图；土地适宜性评价图（主要包括聚落建设用地和农业生产用地评价）；景观生态网络图（合理确定区内斑块、廊道规模、大小和布局）；土地利用规划图；总体规划布局图；农业景观规划图（合理确定农田斑块和廊道）；道路景观规划图；水系景观规划图；绿地系统规划图；分期开发建设图（确定规划期内分阶段开发建设的景观项目）；维护与管理控制图（确定规划范围内需要维护与管理的景观资源或项目）。根据乡村景观资源特点以及开发利用方式，可增加乡村景观旅游项目规划图。

（三）乡村景观详细规划

详细规划（eetailed plan）包括控制性详细规划（regulatory plan）和修建性详细规划（site plan）。对于乡村景观，乡村景观详细规划（detailed plan of rural landscape）一般是指乡村景观修建性详细规划（site plan of rural landscape），这是针对村镇规划中的建设规划这一层次。乡村景观修建性详细规划是指具体村庄、集镇范围内不同类型乡村景观的具体规划设计。其主要任务是根据乡村景观总体规划布局，对村庄、集镇范围内近期的景观建设工程以及重点地段的景观建设进行具体的规划设计。

1. 具体内容

乡村景观修建性详细规划是以乡村景观总体规划、村镇总体规划为依据，并同村镇建设规划（村庄、集镇建设规划）相协调。其编制内容的核心是空间环境形态和场地设计，包括整体构思、景观意向、竖向设计、细部处理与小品设施设计等，具体的工作内容包括以下内容。

（1）空间形态布局

根据土地利用性质和景观属性特征进行景观总体空间形态布局。

（2）场地设计

主要是指竖向规划设计，根据场地使用性质，对地形进行处理，满足施工建设的要求。

（3）详细景观设计

对不同乡村景观类型进行详细规划设计，包括居民点、道路、绿化、农田和水系等，具体内容根据具体的条件和要求确定。

（4）乡村景观修建性详细规划工作

包括工程量估算、拆迁量估算、总造价估算以及投资效益分析等。

2. 成果要求

乡村景观修建性详细规划的成果主要包括规划文件和规划图纸。

（1）规划文件

根据城市规划编制办法，乡村景观修建性详细规划文件为规划设计说明书。

（2）规划图纸

规划图纸主要包括以下内容：一是区位图：规划地段在村（镇）范围中的位置。二是总平面图：标明各类用地界线和建筑物、构筑物、道路、绿化、农地、水系和小品等的布置；根据需要，也可标明哪些是保留的，哪些是规划的。三是竖向规划图：标明场地边界、控制点坐标和标高、坡度、地形的设计处理等。对于道路，还要标明断面、宽度、长度、曲线半径、交叉点和转折点的坐标和标高等。四是反映规划设计意图的立面图、剖面图和表现图：其内容和图纸可根据具体的条件和要求确定。一般来说，规划设计深度应满足作为各项景观工程编制初步设计或施工设计依据的需要。

第二节　乡村景观区域规划

区域乡村景观规划是从宏观的角度对乡村景观展开的规划，包括不同类型的农田、牧场、人工林和村庄等景观单元，同时也包括河流、湖泊、山脉和大的交通干线等的规划。开展区域乡村景观规划研究，将为区域发展规划提供依据。本节就对区域乡村景观规划展开分析。

一、区域乡村景观规划的思路

区域乡村景观规划是区域开发的一个重要组成部分，规划要树立尊重自然的思想，顺应大自然的生态规律，努力维护和恢复良性循环的自然生态系统，并构建同自然生态系统相协调的人工生态系统，构成具有优越生态功能的自然一人工复合生态系统。区域乡村景观规划的基本规划思路和方法体现在以下几点：①对规划区域范围做详细的景观调查和评价。②在分析自然因素和社会经济因素的基础上，结合该区域的发展目标预测景观格局的发展趋势和主要问题。③根据规划目标，针对实际问题，做出综合景观规划方案。

二、区域乡村景观规划的目标

乡村景观规划的目标主要有以下五个方面：①确定合理的区域景观格局。以景观生态学理论为基础，完善城市景观—乡村景观—自然景观三位一体的景观格局。②建设村庄高效人工生态系统，实行土地集约经营，保护集中的耕地斑块，尤其是基本农田斑块。③控制村庄建设用地盲目扩张，建设具有宜人景观的村庄人类聚居环境。④重建植被斑块，因地制宜地增加绿色廊道和分散的自然斑块，补偿和恢复乡村景观的生态功能。⑤在工程建设区要节约工程用地，重塑环境优美与自然系统相协调的乡村景观。

三、区域乡村景观规划的原则

乡村景观规划要遵循以下五项规划原则。

（一）人地关系协调原则

既要保证人口承载力又要维护生存环境，达到区域开发与资源利用、环境保护和人口增长相适应、相协调。

（二）系统综合的原则

综合考虑各景观要素，将局部同区域整体景观结合起来，力求区域景观整体系统的优化。

（三）生态美学原则

在保护村庄生态系统的同时注重景观的美学价值，达到生态功能价值与美学价值的统一。

（四）远近结合原则

根据区域发展的目标和发展方向，重视原有乡村景观资源的利用和改造，对区域内景观格局进行合理布局，并在时序上做出安排，分步骤完成。

（五）技术经济可行有效的原则

最少的投入换取最佳的生态效益和景观效果。

四、区域乡村景观规划的框架

区域乡村景观规划框架的设定需要注意以下几个方面的内容。

首先，划定规划区的范围和边界，对规划区内景观的各构成因素做调查和评估。分析评价的内容有：自然生态因素，包括土地、水、大气、地貌、生物和矿藏等；社会经济因素，包括社会、经济、人口、建构筑物、各种基础设施、文化设施、技术经济和历史文化等；视觉因素，包括视域、视点、视线和视景等方面的分析评价。

其次，在景观因素评价的基础上，对景观的整体功能与结构现状做出分析，然后根据区域开发的方向和景观格局建设目标，确定区域景观建设的任务，编制该区域景观规划的总体框架。

总体框架应指出该区域景观现状基础，指明该区域土地利用方向和保护景观建设的原则，划分出三类区域：景观保护区，维持自然生态系统的特征；景观控制区，这类区域可以有限制地开发，但必须开发与保护并重，形成良好的生态循环；景观建设区，这类区域可供开发，开发强度大于景观控制区，但也要开展保护，构成自然一人工复合的良性运转的生态系统。

最后，在总体规划框架下，对控制区和建设区内的景观格局、土地利用方向、斑块的大小和布局、廊道宽度和布局等做出指令性的规定，并作为下一层次规划的依据。区域乡村景观规划框架属于宏观的和粗线条的，但是它是乡村景观的基础。

第三节　乡村景观总体规划

所谓乡村景观总体规划是指利用对原有景观要素的优化组合，从而调整或者构建新的乡村景观格局，目的是增加景观异质性与稳定性，最终创造出和谐、高效的人工自然景观。

一、乡村景观空间格局

村庄是高度人工化的景观生态系统，其景观结构—斑块、廊道和基质的空间分布格局直接决定了乡村景观的空间格局。乡村景观空间格局应充分尊重生态规律，维护和恢复乡村景观生态过程及格局的连续性和完整性。由于不同地区的经济发展水平、地理环境、人文特性和历史背景等都各不相同，因此乡村景观的空间格局也应该是多种多样的。

从村庄地域角度上来讲，农田构成了景观格局的基质。村庄聚落是景观中最具有特色的斑块。其他的斑块还有：林地斑块、湖泊（池塘）斑块、自然植被斑块等；河流、道路、林带和树篱则构成村庄的廊道。景观生态学的研究内容较为广泛，与乡村景观空间格局联系较密切的就是斑块和廊道。

（一）斑块

景观中单位面积上斑块的数量和斑块形状的多样性对乡村景观空间的合理配置、优化空间结构具有重大影响。从某种意义上讲，减少一个自然斑块，就意味着一个动物栖息地的消失，从而减少景观或物种的多样性。因此，考虑斑块在整体景观格局中的位置和作用是非常重要的。

在乡村景观空间格局中，首先，对于单一的农田景观，适当增加林地斑块、湖泊（池塘）斑块或自然植被斑块，都可增加物种多样性和景观多样性，补偿和恢复景观系统的生态功能，促进农业生态系统健康持续地发展。其次，严格控制城市和村庄聚落建设用地斑块的盲目扩张，以免导致景观的破碎化和景观斑块空间格局的不合理性。最后，合理、有效地增加乡村景观类型多样性（景观中类型的丰富度和复杂度）。乡村景观类型多样性就是要多考虑景观中不同景观类型（农田、森林、草地、建筑和水体等）的数目和它们所占面积的比例。

(二) 廊道

道路、河流、沟渠和防护林带是乡村景观中主要的廊道系统。对于农业生产来讲，廊道（防护林带）可以有效地减少自然灾害对农业生产造成的损失，提高农业产量。对于生物物种来讲，廊道同样会提供栖息地和物种源，并会成为物种的避难所和集聚地。对于城市景观来讲，通过楔形绿地、环城林带等生态廊道将村庄的田园风光和森林气息带入城市，可实现城乡之间生物物种的良好交流，促进城市景观生态环境的提高和改善。此外，廊道还是斑块之间的连接通道，与斑块一起形成网络。

在乡村景观空间格局中，首先，对于原有的廊道应加以保护，由于其生态系统相对比较稳定，在景观格局中仍然发挥重要的作用。其次，对不能满足生态功能要求的廊道应加以改造，如加大廊道的绿化力度、增加廊道的宽度等。最后，廊道应与其周边的斑块、基质有机地连接，如道路两侧的绿化在可能的情况下尽量避免等宽布局，而应与农田、水塘等结合起来考虑。

二、村庄聚落的空间布局

村庄聚落的空间布局也是乡村景观总体规划的重要内容。这是因为村庄聚落不仅是广大的人类聚居地，也是村庄重要的生态系统。村庄聚落生态系统的结构和功能不但受制于自然法则，且受诸如道德观念和经济活动等人文因素的强烈影响。村庄聚落景观的空间布局是指在一定的村庄地域范围内，根据聚落的性质、类型、作用以及它们之间的关系，科学合理地进行布局，指导村庄聚落景观的建设。

(一) 村庄聚落的层次划分

村庄聚落的层次划分是按照聚落在村庄地域中的地位和职能进行划分。目前，自下而上划分为基层村（自然村）、中心村（行政村）、一般镇和中心镇四个层次。这四个层次构成村庄聚落的结构体系。

(二) 村庄聚落规模

村庄聚落根据规划人口规模数量分别划分为特大、大、中、小型四级。

表 4-1　村庄聚落规模划分　　单位：人

规划人口规模分级	镇区	村庄
特大型	>50000	>1000
大型	30000~50000	601~1000
中型	10001~30000	201~600
小型	<10000	<200

(三) 影响村庄聚落布局的因素

村庄聚落布局影响着村庄整体景观格局，而影响村庄聚落布局的因素有以下几个方面：

1. 自然条件

地形、地貌、水文、地质和气候自然条件以及地震、台风和滑坡等自然灾害制约着村庄聚落的布局。如平原地区聚落分布稠密，山区则较稀疏，河网地区较稠密，干旱地区较稀疏等。

2. 资源状况

由于土地、矿产、水、森林和生物等村庄资源的性质、储量和分布范围不同，极大地影响着村庄聚落的布局。一般来说，村庄资源丰富的地区，聚落分布较稠密，反之，则较稀疏。

3. 交通运输

对外交通运输的发达程度直接影响村庄聚落的经济繁荣，决定了其是否具有吸引力，从而有可能改变它们在空间上的布局。

4. 人口规模

村庄聚落的形成和发展与人口规模有直接的关系，人口规模大的地区，聚落分布密度也较大，反之，则密度较小。

5. 区域经济

区域经济对村庄聚落布局的影响来自两个方面：一方面是周边城市的辐射能力；另一方面是村庄区域原有的经济布局。

（四）村庄聚落与生产环境

对于以农业生产为主的村庄聚落，耕作制度和耕作方式是影响村庄聚落规模和布局的主要因素。一般来说，对于耕作制度，南方的稻作农业区，劳动强度大，耕作半径小，聚落规模小，密度大；北方的旱作农业区，劳动强度轻，耕作半径较大，聚落规模也较大。对于耕作方式，以手工为主的耕作方式，耕作半径小，对应的聚落规模也较小；以机械化为主的耕作方式，集约化程度相应提高，耕作半径扩大成为可能，对应的聚落规模也较大。

目前，各地开展拆村并点工作，聚落和人口规模有所扩大，聚落之间的间距也相应增大。这不仅是土地资源优化配置的要求，而且也是城市化的必然过程，同时也与现代农业生产方式相适应。

（五）村庄聚落的布局形式

村庄聚落的布局主要依据其在结构体系中的层次、规模和数目来确定，同时考虑聚落之间的联系强度、经济辐射范围以及用地的集约性，并与村庄道路网、灌排水系统相协调。目前，村庄聚落的布局形式主要有以下几种。

1. 集团式

集团式是平原地区普遍存在形式，其布局紧凑、土地利用率高、投资少、施工方便、便于组织生产和改善物质文化生活条件。但由于布局集中、规模大，造成农业生产半径大。这种方式比较适合机械化程度较高的平原地区。

2. 卫星式

卫星式是一种由分散向集中布局的过渡形式，体现了聚落结构体系中分级的特征。其优点在于现状与远景相结合，既能从现有生产水平出发，又能兼顾经济发展对村庄聚落布局的新要求。

3. 自由式

自由式是指村庄聚落在空间布局形态上呈现无规律分布的一种格局，在村庄地区比较常见，分布也比较广泛，尤其在受地形、交通等条件限制的丘陵山区。这种布局形式较能体现人与自然协调发展的聚居模式，反映小农经济的生产方式，但对于组织大规模生产、改善村庄物质文化生活是十分不利的。

4. 条带式

条带式主要是聚落沿着山麓地带、河流和公路等沿线呈条带状分布的一种布局。这种布局方式决定了耕作范围垂直于聚落延伸方向发展，耕作半径较小，便于农业生产。但是建设投资较大，资源较集团式浪费。

不同的布局方式有其优缺点，不能因某种方式缺点较多就加以否定，每一种方式的存在都有其特定的环境和历史原因。在城市化快速发展的今天，根据社会经济发展的需要，村庄聚落适当集中，有利于资源利用最大化，有效增加常用耕地面积，缓和人地矛盾。同时，也要保存村庄聚落形态发展、演变的历史文脉，因地制宜地选择合适的村庄聚落布局形式，丰富村庄聚落的空间景观格局。

通过对乡村景观规划的研究论述，在进行具体的规划过程中，启示规划者要结合上位规划与外围环境，全面统筹剖析自身的优势资源，认清现存的问题，并寻找适合乡村整体发展的景观规划形式，从而促进经济发展和人民生活条件的改善。可以说，乡村景观规划是改造民居、完善公共服务设施的重要途径。同时需要指出的是，乡村景观规划还需要结合国家的政策与制度，积极探索机制体制改革，最终使乡村景观与生态、生活、文化协调发展。

第五章　乡村景观规划内容

第一节　乡村聚落景观规划

一、乡村聚落景观形态构成

“聚落”一词在《史记·五帝本纪》中已经出现：“一年而所居成聚，二年成邑，二三年成都。”注曰：“聚谓村落也。”《汉书·沟洫志》则云：“或久无害，稍筑室宅，遂成聚落”。聚落包括房屋建筑、街道或聚落内部的道路、广场、公园、运动场等活动和休息的场所，供居民洗涤饮用的池塘、河沟、井泉，以及聚落内的空闲地、蔬菜地、果园、林地等组成部分。乡村聚落是乡村景观的一个重要组成部分，是视觉所能直接感觉到的，其形态的发展与演变对乡村整体的景观格局产生重要的影响。

（一）乡村聚落的产生

众所周知，中国是世界上人类的发源地之一。大约 200 万～300 万年前，人类逐渐从自然界分离出来。但在人类聚落产生以前，最初的生活场所仍不得不完全依靠自然，过着巢居和穴居的生活，这些居住方式在古文献和考古遗址中均得到了证实。根据《庄子，盗跖》中记载：“古者禽兽多而人少，于是民皆巢居以避之，昼拾橡栗，暮栖木上，故命之曰‘有巢氏之民’”。《韩非子·五蠹》中也有类似的记载：“上古之世，人民少而禽兽众，人民不胜禽兽虫蛇。有圣人作，构木为巢，以避群害，而民悦之，使王天下，号之曰有巢氏”。“下者为巢，上者为营窟”。充分说明了巢居和穴居的两种居住方式，在地势低洼的地方适合巢居，而在地势较高的地方可以打洞窟，适合穴居。巢居和穴居成为原始聚落发生的两大渊源。

到了新石器时代，开始出现畜牧业与农业的劳动分工，即人类社会的第一次劳动大分工。许多地方出现了原始农业，尤其在黄河流域和长江流域出现了相当进步的农业经济。随着原始农业的兴起，人类居住方式也由流动转化为定居，从而出现了真正意义上的原始聚落——以农业生产为主的固定村落。

河南磁山和裴李岗等遗址，是我国目前发现的时代最早的新石器时代遗址之一，距今 7000 多年。从发掘情况看，磁山遗址已是一个相当大的村落。这一转变对人类发展具有不可估量的影响，因为定居使农业生产效率提高，使运输成为必要，同时也促进了建筑技术的发展，使人们树立起长远的生活目标，强化了人们的集体意识，产生“群内”和“群外”观念，为更大规模社会组织的出现提供了前提。在众多的乡村聚落中，那些具有交通优势或一定中心地作用的聚落，有可能发展成为当地某一范围内的商品集散地，即集市。

集市的进一步发展，演化为城市。

原始的乡村聚落都是成群的房屋与穴居的组合，一般范围较大，居住也较密集。到了仰韶文化时代，聚落的规模已相当可观，并出现了简单的内部功能划分，形成住宅区、墓葬区以及陶窑区的功能布局。聚落中心是供氏族成员集中活动的大房子，在其周围则环绕着小的住宅，小住宅的门往往都朝着大房子。陕西西安半坡氏族公社聚落和陕西临潼的姜寨聚落就是这种布局的典型代表。

陕西西安半坡氏族公社聚落形成于距今五六千年前的母系氏族社会。其遗址位于西安城以东6千米的浐河二级阶地上，平面呈南北略长、东西较窄的不规则圆形，面积约为5万平方千米，规模相当庞大。经考古发掘，发现整个聚落由三个性质不同的分区组成，即居住区、氏族公墓区和制陶区。其中，居住房屋和大部分经济性建筑如储藏粮食等物的窖穴、饲养家畜的圈栏等集中分布在聚落的中心，成为整个聚落的重心。在居住区的中心，有一座供集体活动的大房子，门朝东开，是氏族首领及一些老幼的住所，氏族部落的会议、活动等也在此举行。大房子与所处的广场便成整个居住区规划结构的中心。

46座小房子环绕着这个中心，门都朝向大房子。房屋中央都有一个火塘，供取暖煮饭照明之用，居住面平整光滑，有的房屋分高低不同的两部分，可能分别用作睡觉和放置东西之用。房屋按形状可分为方形和圆形两种。最常见的是半窑穴式的方形房屋，以木柱作为墙壁的骨干，墙壁完全用草泥将木柱裹起，屋面用木椽或木板排列而成，上涂草泥土。居住区四周挖了一条长而深的防御沟。居住区壕沟的北面是氏族的公共墓地，几乎所有死者的朝向都是头西脚东。居住区壕沟的东面是烧制陶器的窑场，即氏族制陶区。居住区、公共墓地区和制陶区的明显分区，表明朴素状态的聚落分区规划观念开始出现。

陕西临潼的姜寨聚落也属于仰韶文化遗存，遗址面积为5万多平方米。从其发掘遗址来看，整个聚落也是以环绕中心广场的居住房屋组成居住区，周围挖有防护沟。内有四个居住区，各区有十四五座小房子，小房子前面是一座公共使用的大房，中间是一个广场，各居住区房屋的门都朝着中心，房屋之间也分布着储存物品的窖穴。沟外分布着氏族公墓和制陶区，其总体布局与半坡聚落如出一辙。

由此可见，原始的乡村聚落并非单独的居住地，而是与生活、生产等各种用地配套建置在一起。这种配套建置的原始乡村聚落，孕育着规划思想的萌芽。

（二）乡村聚落形态的类型

乡村聚落形态主要指聚落的平面形态。传统乡村聚落大多是自发性形成的，其聚落形态体现了周围环境多种因素的作用和影响。尽管乡村聚落形态表现出千变万化的布局形式，但归纳起来主要有以下两大类。

1. 聚集型

在聚集型乡村聚落内，按照聚落延展形式又可分为以下三种形式。

（1）团状

团状是中国最为常见的乡村聚落形态，一般平原地区和盆地的聚落多属于这一类型，聚落平面形态近于圆形或不规则多边形，其南北轴与东西轴基本相等，或大致呈长方形。这种聚落一般均位于耕作地区的中心或近中心，地形有利于建造聚落的部位。

（2）带状

带状一般位于平原地区，在河道、湖岸（海岸）、道路附近呈条带状延伸。这里接近水源和道路，既能满足生活用水和农业灌溉的需要，也能方便交通和贸易活动的需要。这种乡村聚落布局多沿水陆运输线延伸，河道走向或道路走向成为聚落展开的依据和边界。在地形复杂的背山面水地区，联系两个不同标高的道路往往成为乡村聚落布局的轴线；在水网地区，乡村聚落往往依河岸或夹河修建；在黄土高原，乡村聚落多依山谷、冲沟的阶地伸展而建；在平原地区，乡村聚落往往以一条主要道路为骨架展开。

（3）环状

环状是指山区环山聚落及河、湖、塘畔的环水聚落。它也是串珠状聚落及条带状聚落的一种，有的地方称为“绕山建”，这种聚落类型并不常见。

2. 散漫型

散漫型聚落只是散布在地面上的居民住宅。在我国，散村大多是按一定方向，沿河或沿大道呈带状延伸。它广泛分布于全国各地，东北称这种散村为“拉拉街”，住宅沿道路分布，偶有几户相连，其余一幢幢住宅之间均相隔百十米，整个聚落延伸达一二千米至三四千米。个别可达十余千米。这种布局对公共福利设施及村内居民活动均不方便，对机械化也不利。

（三）乡村聚落的景观构成

人们对于乡村聚落的总体印象是由一系列单一印象叠加起来的，而单一印象又经人们多次感受所形成。人们对乡村聚落的印象和识别很多是通过乡村聚落的景观形象获取的。凯文·林奇（Kevin Lynch）在《城市意象》（The Image of the City）中把道路、边界、区域、节点和标志物作为构成城市意象中物质形态的五种元素。

这些元素的应用更为普遍，它们总是不断地出现在各种各样的环境意象中。乡村聚落是与城市相对的，尽管两者形式各异，面貌不同，但是构成景观空间的要素是大同小异的。

1. 空间层次

当人们由外向内对典型乡村聚落进行考查时，会发现村镇景观并非一目了然，内部空间也不是均质化处理，而是有层次、呈序列地展现出来。村镇的空间层次主要表现在村周环境、村边公共建筑、村中广场和居住区内节点四个层次上。

（1）村周环境

水口建筑是村镇领域与外界空间的界定标志，加强了周边自然环境的闭合性和防卫性，具有对外封闭、对内开放的双重性，是聚落景观的第一道层次。

（2）村边公共建筑

转过水口，再经过一段田野等自然环境，就可以看到村镇的整体形象。许多村镇在村镇周围或主要道路旁布置有祠堂、鼓楼、庙宇、书院和牌坊等公共建筑，这些村边建筑以其特有的高大华丽表现出村镇的文化特征和经济实力，使村边景观具有开放性和标志性，是展示村镇景观的重点和第二道层次。

（3）村中广场

穿过一段居住区中的街巷，在村中的核心部位，可以发现一个由公共建筑围合的广场，这个处于相对开敞的场所，由于村民的各种公共活动与封闭的街巷形成空间对比，是展示聚落景观的高潮和第三道层次。

（4）居住区内节点

在鳞次栉比的居住区中，还可以发现由井台、支祠、更楼等形成的节点空间，构成了村民们日常活动的场所和次要中心，可以看作聚落景观的第四道层次。

2. 景观构成

（1）边沿景观

乡村聚落边沿是指聚落与农田的交接处，特别是靠近村口的边沿，往往是人们重点处理的地区，这是观念所决定的，它往往表现出村落的文化氛围和经济基础。从现有资料中可以发现，村边多布置祠堂、庙宇、书院等建筑，以这些公共建筑为主体或中心的聚落边沿往往表现出丰富的聚落立面和景观。

（2）居住区

乡村聚落中居住区具有连续的形体特征或是相同的砖砌材料和色彩，正是这种具有同一性的构成要素才形成具有特色的居住区景观。在聚族而居的地区，组团是构成居住区的基本单位。

组团往往由同一始祖发源的子孙住宅组成，或以分家的数兄弟为核心组成组团，如皖南关麓村，由兄弟八家为核心组成组团次中心，各组团间既分离又有门道相通，表现出聚族而居的特性。

（3）广场

乡村聚落中的广场是景观节点的一种，同时具有道路连接和人流集中的特点，它也是乡村聚落的中心和景观标志。在传统乡村聚落中，较常见的广场有商业性广场和生活性广场。

在多数情况下，广场作为乡村聚落中公共建筑的扩展，通过与道路空间的融合而存在的，是聚落中居民活动的中心场所。许多乡村聚落都以广场为中心进行布局。

（4）标志性景观

在乡村聚落周边往往散布着一些零散的景观，这些景观的平面规模不大，但往往因其竖向高耸或横向展开，加之与地形的结合，成为整个聚落景观的补充或聚落轮廓线的中心，它们往往与周围山川格局一样成为村镇内部的对景和欣赏对象。

常见的标志性景观有吉树、墩、桥、塔、文昌阁、魁星楼和庙宇等，这些标志性景观多位于水口和聚落周围的山上。例如，皖南西递村水口图上就有文峰塔、文昌阁、魁星楼、关帝庙、水口庵、牌坊等标志性景观。

（5）街巷

传统乡村聚落的街巷是由民居聚合而成，它是连接聚落节点的纽带。街巷充满了人情味，充分体现了“场所感”，是一种人性空间。这种街巷空间为乡村居民的交往提供了必要和有益的场所，它是居住环境的扩展和延伸，并与公共空间交融，成为乡村居民最依赖的生活场所，具有无限的生机和活力。

（6）水系

乡村聚落的选址大多与水有关，除了利用聚落周围的河流、湖泊外，人们还设法引水进村。开池蓄水，设坝调节水位，不仅方便日常生活使用和防火，而且还成为美化和活跃乡村聚落景观的重要元素。

二、乡村聚落景观规划与设计

从历史的角度来看，乡村聚落的发展过程带有明显的自发性。随着城市化进程和乡村居民生活水平的提高，大批乡村聚落面临改建更新的局面。按照以往的做法，每家每户根据经济条件自行改造更新，造成乡村建筑布局与景观混乱的现象。乡村更新没能有效地保护和继承乡村聚落的固有风貌，反而造成更多景观上的新问题。

总结以往的经验教训，乡村聚落景观规划与设计一定要摆脱一家一户分散改造更新的模式，采用统一规划、统一建设和统一管理的办法规划景观。乡村聚落景观规划与设计的目的如下所述：①营造具有良好视觉品质的乡村聚居环境。②符合乡村居民的文化心理和生活方式，满足他们日常的行为和活动要求。③通过环境物质形态表现蕴含其中的乡土文化。④通过乡村聚落景观规划与设计，使乡村重新恢复吸引力，充满生机和活力。聚落布局和空间组织以及建筑形态要体现乡村田园特色，并延续传统乡土文化的意义。

（一）乡村聚落整体景观格局

乡村聚落景观面临更新的局面，传统聚落在当今社会与经济发展中已经很难满足现代生活中的各种需要，另外，并非传统聚落的空间元素和设计手法都适用于聚落景观更新的规划与建设。尽管今天的聚落已不可能也不应该是早先的聚落，但它必定带有原有聚落的基本特征，其中的一些重要特质和优点在今天的生活环境中仍然是良好的典范。例如，聚落与乡村环境肌理的和谐统一；可识别的村落景观标志；宜人的建筑和空间尺度；良好的交往空间等。

国外在这方面有很多成功经验，如在乡村聚落更新中，德国在创造新的景观发展和新的景观秩序时，非常注意历史发展中的一些景观特性，很好地保持了历史文化的特性，表现为以下几个方面：①聚落形态的发展与土地重划及老的土地分配方式相吻合，使人们能够了解当地的历史及土地耕作过程（辐射型）。②对于丧失原有功能的建筑，引入新的功能，使其重新复活。③对外部空间的街道和广场空间进行改造，使其重新充满生机。④在对传统建筑认识的基础上，创造了新的建筑形式与使用模式，如生态住宅。⑤对已经遭到生态破坏的乡村土地、水资源，通过景观生态设计又重新找到了补救的方法。

对于需要更新改造的乡村聚落，在对其特色、价值及现状重新认识与评价之后，确定乡村聚落景观的更新方向，为聚落内在和外在的同步发展起导向作用。例如，聚落中心的变化和边缘的扩展，都必须朝向一个共同的第三者，即不再是原来的传统聚落，也不是对城市社区的粗劣模仿。这意味着在聚落内部需要有创新的措施来适应居民当前的要求，在聚落外部则要有一个整合的计划，以使其在聚落景观结构及建筑空间上更好地与周围的景观环境及聚落中心相协调。

乡村聚落只有持续地改进其功能与形式，才能得以生动地保护与发展。聚落的发展需要表现其在历史上的延续性，这种延续性会加强聚落的景观特色及不可替代性。因此，在乡村聚落景观格局的塑造上应该遵循以下条件：①聚落的更新与发展充分考虑与地方条件及历史环境的结合。②聚落内部更新区域与外部新建区域在景观格局上协调统一。③赋予历史传统场所与空间以具有时代特征的新的形式与功能，满足现代乡村居民生活与休闲的需要。④加强路、河、沟、渠两侧的景观整治，有条件地设置一定宽度的绿化休闲带。⑤突出聚落入口、街巷交叉口和重点地段等节点的景观特征，强化聚落景观可识别性。⑥采用景观生态设计的手法，恢复乡村聚落的生态环境。

在城市化和多元文化的冲击下，乡村聚落整体景观格局就显得格外的重要。乡村聚落的景观意义在于景观所蕴含的乡土文化所给予乡村居民的认同感、归属感以及安全感。只有在乡村居民的认同下，才能确保乡村聚落的更新与发展。

（二）乡村建筑

乡村建筑是以传统民居为主的乡土建筑。中国具有丰富的乡土建筑形式和风格，无不反映着当时当地的自然、社会和文化背景。乡土建筑在长期的发展过程中一直面临着保护与更新发展的问题，但其又有着良好的传承性，使人从中把握历史的发展脉络，这种传承性直到工业文明尤其是现代主义泛滥之后才出现裂痕。

当前，城市型建筑形式不断侵蚀着乡村聚落，新建筑在布局、尺度、形式、材料和色彩上与传统聚落环境及建筑形式格格不入，乡村建筑文化及特色正在丧失。乡村建筑更新与发展需要统一规划，确定不同的更新方式。在乡村聚落内部，即保留的区域，乡村建筑更新与发展面临以下三种方式。

1. 保护

对于有历史或文化价值的乡村建筑，即使丧失了使用功能，也不能轻易拆除，应予以保护和修缮，作为聚落发展的历史见证。

2. 改建

对于聚落中一般旧建筑，应视环境的发展及居住的需求，在尽量维持其原有式样的前提下进行更新，如进行内部改造，以适应现代生活的需要。对于聚落中居民自行拆旧建新造成建筑景观混乱的建筑，如建筑形式、外墙装饰材料及颜色，更需进行改建，这也是目前乡村聚落中普遍存在的问题。由于经济的因素，改建很难完全与整体的聚落环境相协调，但可以改善和弥补建筑景观混乱的现象。

3. 拆除

对于无法改建的旧建筑，应予以拆除。在乡村聚落外部，即新的建设区域，相对来说，乡村建筑具有较大的设计空间，但需要从当地传统建筑中衍生出来新的可供选择的建筑语言来替代当前普遍的、毫无美学品质的、媚俗的新建筑，这同样适用于拆村并点重新规划建设的乡村聚落。

（三）乡村聚落中的行为活动

杨·盖尔在《交往与空间》一书中，将人们在户外的活动划分为三种类型：必要性活动、自发性活动和社会性活动。对于乡村居民而言，必要性活动包括生产劳动、洗衣、烧饭等活动；自发性活动包括交流、休憩等活动；社会性活动包括赶集、节庆、民俗等活动。

在传统村镇聚落中，有什么样的活动内容，就会产生相应的活动场所和空间。

1. 必要性活动

例如，井台和（河）溪边，这里不仅是人们洗衣、淘米和洗菜的地方，而且是各家各户联系的纽带。因此，人们在井边设置石砌的井台，在溪边设置台阶或卵石，成为人们一边劳动一边交往的重要活动场所。虽然形式简单，但是内容丰富，构成了一幅极具生活情趣的景观画面。

2. 自发性活动

门前或前院是人们与外界交流的场所，路过见面总会打个招呼或寒暄几句。街道的“十字”“丁字”路口具有良好的视线通透性，往往是人们驻足、交谈活动较频繁的场所，人流较多。聚落的中心或广场，有大树和石凳，成为老年人喝茶、聊天和下棋的场所，在浙江楠溪江的一些聚落还有专供老人活动的“老人亭”。对于儿童，一堆草、一堆沙和一条小溪都是儿童游戏玩耍的场所。

3. 社会性活动

供人们进行此类活动的场所并不特别普遍，它往往伴随集市的形成而出现。集市不仅是商品交易的场所，也是人们交流、获取信息的重要途径，同时还是村民休闲、娱乐的好地方。聚落入口不仅具有防御、出入的功能，还具有一定的象征意义，这种多功能性使之成为迎送客人、休息和交谈等公共活动的场所。

由此可见，中国传统聚落的场所空间与人们的行为活动密不可分。随着社会的进步和生活水平的提高，乡村居民的生活方式与活动内容发生了一定改变，传统村镇聚落的一些场所已经失去了原有功能，如井台空间，自来水的普及使人们无须再到户外的井边或河（溪）边洗衣、洗菜。对于这样一些与现代生活不相适应的空间场所，并不意味着要把它完全拆除，一方面它是聚落发展的一个历史见证；另一方面，可以通过对井台环境的改造，使之成为休闲交流的场所，让其重新充满活力。

现代乡村居民除了日常交往外，对休闲娱乐的需求日益增加，如健身锻炼、儿童游戏、文艺表演、节日庆典和民俗活动等，这就需要有相应的活动场所。对于新建的乡村聚落，场所空间的景观规划设计应体现现代乡村生活特征，满足现代生活的需要。

（四）乡村聚落场所空间景观

1. 街道景观

乡村聚落街道景观不同于城市街道景观，除了满足交通功能外，还具有其他功能，如连接基地的元素，居民生活和工作的场所，居民驻留和聊天的场所。景观规划设计既要满足交通功能，又要结合乡村街道特征，如曲直有变，宽窄有别，路边的空地，交叉口小广场及景点等，体现乡村风味。影响街道景观的元素不仅仅是两侧的建筑物，路面、人行道、路灯、围栏与绿化等都是凸显街景与聚落景观的重要元素，因此，必须把它们作为一个整体来处理。

（1）路面

大面积使用柏油或混凝土路面，不仅景观单调，而且也体现不出乡村的环境特色，因此需要根据街道的等级选择路面材料。对于车流量不大的街道，选用石材铺装，如小块的石英石，显得古朴而富有质感。对于无人行道的路面两侧边缘不设置过高的路缘石，路边侧石与路面等高或略高出路面一点儿即引。

（2）人行道

除非交通安全上有极大的顾虑，否则人行道应尽量与路面等高或略高一点儿，通过铺装材质加以分隔或界定。材料最好选用当地的石材。

（3）路灯

灯具是重要的街道景观元素。乡村街道照明方式与城市不同，不适宜尺度过高的高杆路灯。小尺度的灯具不仅能满足照明，而且与乡村街道的空间尺度相吻合，让人感觉亲切与舒适。灯具的造型也要与环境相协调，体现当地的文化内涵。

（4）围栏

对于乡村环境，不宜用混凝土或砖砌的围墙。围栏最好以木材、石材或绿篱等自然材料，给人简单、自然、质朴的感觉，它们永远适合于乡村地区。

（5）绿化

路面或人行道两侧与绿化交接处不用高出的侧石作为硬性分隔，而是通过灌木丛或草坪塑造自然柔性的边界。除非地形因素，一般不采用砌筑的绿化形式，如花池。另外，人工的花坛、花盒、花盆也是一样，除非绿化条件困难而采用这种方式作为补救措施，否则一般最好不要使用。

2. 亲水空间

水空间是传统乡村聚落外部交往空间的重要组成部分，这不仅在于水是重要的景观要素，更主要的是其实用价值和文化内涵满足了生活、灌溉、防火的要求。除了自然的河、溪流外，没有自然条件的聚落，也采取打井、挖塘来创造水空间。

随着现代乡村居民生活方式的改变，这些池塘由于失去了原有的功能而逐渐废弃了。然而，这些池塘的生态、美学及游憩价值并没有丧失，仍然能成为适合不同人群的交往活动场所和空间。目前，结合聚落的更新，对这些池塘进行分批改造，为居民营造多个休闲游憩的亲水空间，使其重新充满生机和活力。

对于新开发建设的乡村聚落，应根据自然条件，结合原有的沟、河、溪流和池塘设置水景，避免为造景而人为开挖建设的水景。各式各样的水域及水岸游憩活动，都可能寻得合适的空间环境作为活动发展的依托。例如，中国台湾乌溪流域乡村溪流景观游憩空间的设计，更多的是从乡村旅游的角度满足人们日趋增长的休闲游憩的需求。溪流游憩空间的设计目标应随基地环境的不同而有所差异，然而溪流环境本身具备自然资源廊道、脆弱的生态等相同的环境基本特性。因此，其整体设计目标又有共同性，即一方面满足游客休闲游憩的需求；另一方面保护溪流的生态环境。该项目把溪流游憩活动特性总结为以下三类：①水中活动，包括游泳戏水、捉鱼捉虾、溯溪和非动力划船。②水岸活动，包括急流泛舟、休息赏景、打水漂和钓鱼。③滩地活动，包括骑自行车、野餐烤肉和露营。

在游憩项目设置上，根据不同地段溪流特性来确定具体的游憩活动。在生态环境保护上，对溪流驳岸栖地提出了改善策略，主要有通过改变水体状态、配置躲避空间、增减水岸遮蔽物、增加事物来源以及复合处理等方式。

3. 老年中心

传统乡村聚落虽然有许多老年人的活动场所，但是都在室外，受气候等自然条件影响较大。如今，由于年轻人外出打工以及生活水平和医疗条件的改善，现代乡村聚落中也开始出现老龄化现象，因此乡村聚落在更新时结合当地的条件设置老年中心是有必要的。

4. 儿童场地

传统乡村聚落没有专供儿童娱乐的活动场所，水边、空地和庭院成为他们游戏玩耍的主要场所。乡村聚落的更新应考虑儿童的活动空间，满足他们的需要。儿童场地应具备相应的游戏玩耍设施，如滑梯、秋千、跷跷板、吊架和沙坑等。考虑儿童喜水的特点，可以结合浅缓的溪流、沟渠设计成儿童涉水池。如具有自然性和生态性的农用水道景观，也能成为儿童的游憩场所。

5. 广场

服务于现代乡村居民的娱乐、节庆和风俗活动的往往是乡村聚落的广场。与传统不同，现代乡村聚落广场往往与聚落公共建筑和集中绿地结合在一起，并赋予更多的功能和设施，如健身场地和设施、运动场地和设施等。乡村聚落的广场必须与乡村居民的生活方式和活动内容结合起来，严禁在乡村地区仿效城市搞所谓大广场等形象工程。这种现象在一些乡村地区已有出现，广场大而空，多硬质铺装少绿化，不仅占用大量的地，而且很不实用，与乡村环境极不协调。

（五）乡村聚落绿化

绿化能有效地改变乡村聚落景观。在目前村镇建设中，乡村聚落绿化总体水平还比较低，建设也相对比较滞后。从现状看，大多数还停留在一般性绿化上，该绿的地方是绿起来了，但缺乏规划，绿化标准低，绿化档次低。乡村聚落绿化需要整体的规划设计，合理布局，不仅要为乡村居民营造一个优美舒适、生态良好的生活环境，而且也要充分利用有限的土地，最大限度地创造经济效益，增加乡村居民的经济收入。

由于地域的自然、社会和经济条件不同，乡村聚落绿化要坚持因地制宜、适地适树和尊重群众习俗的原则，充分体现地方特色。乡村聚落绿化指标不能一概而论，对于有保护价值的传统聚落，要以保护人文景观为主，不能千篇一律地强调绿化覆盖率；对于旧村的更新改造，要照顾到当地的经济实力，实事求是，做到量力而行；对于新建的乡村聚落，则可以相应地提高绿化标准，绿地率要达到30%以上。

1. 乡村聚落绿化类型

乡村聚落绿化类型一般分为以下几种。

（1）庭园绿化

包括村民住宅、公共活动中心或者机关、学校、企业和医院等单位的绿化。

（2）点状绿化

指孤立木，古树名木，成为乡村聚落的标志性景观，需要妥善保护。

（3）带状绿化

是乡村聚落绿化的骨架，包括路、河、沟、渠等绿化和聚落防护林带。

（4）片状绿化

结合乡村聚落整体绿化布局设置，主要指聚落公共绿地。

2. 村民庭院绿化

目前，大多数乡村居民的庭院，绿化与庭院经济相结合，春华秋实，景致宜人，体现出农家田园特色。庭院除种菜和饲养家畜外，绿化一般选择枝叶展开的落叶经济树种，如果、材两用的银杏，叶、材两用的香椿，药、材两用的杜仲，以及梅、柿、桃、李、梨、杏、石榴、枣、枇杷、柑橘和核桃等果树。同时在房前道路和活动场地上空搭棚架，栽植葡萄。

对于经济发达的乡村地区，乡村庭院逐渐转向以绿化、美化为主，种植一些常绿树种和花卉，如松、柏、香樟、黄杨、冬青、广玉兰、桂花、月季和其他草本花卉。此外，还可用蔷薇、木槿、珊瑚树和女贞等绿篱代替围墙，分隔相邻两家的庭院。屋后绿化以速生用材树种为主，大树冠如棕榈、杨树，小树冠如刺槐、水杉等。此外，在条件适宜的地区，可在屋后发展淡竹、刚竹，增加经济收入。

3. 聚落街道绿化

树种与经济树种街道绿化形成乡村聚落绿化的骨架，对于改善聚落景观起着重要作用。根据街道的宽度，考虑两侧的绿化方式，需要设置行道树时，应选择当地生长良好的乡土树种，而且具备主干明显、树冠大、树阴浓、树形美、耐修剪、病虫害少和寿命长的特点，如银杏、泡桐、黄杨、刺槐、香椿、楝树、合欢、垂柳、女贞和水杉等乔木。行道树结合经济效益考虑时，可以选用银杏、辛夷、板栗、柿子、大枣、油桐、杜仲和核桃等经济树种。由于街道宽度的限制而无法设置行道树时，可以选用棕榈、月季、冬青、海棠、紫薇、小叶女贞和小叶黄杨等灌木，或结合花卉、草坪共同配置。

4. 公共绿地

公共绿地是目前许多乡村聚落景观建设的重点，各种农民公园成为公共绿地的主要形式。公共绿地应结合规划，利用现有的河流、池塘、苗圃、果园和小片林等自然条件加以改造。根据当地居民的生活习惯和活动需要，在公共绿地中设置必要的活动场地和设施，提供一个休憩娱乐场所。除此以外，公共绿地强调以自然生态为原则，避免采用人工规则式或图案式的绿化模式。植物选择上以当地乡土树种为主，并充分考虑经济效益，以体现乡村自然田园景观。

5. 聚落外缘绿化

乡村聚落外缘具有以下特点：①它是聚落通往自然的通道和过渡空间。②与周围环境融为一体，没有明显的界限。③提供了多样化的使用功能。④表达了地方与聚落的景象。⑤是乡村生活与生产之间的缓冲区，它能达到生态平衡的目的。

目前新建的大多数乡村聚落，绿化建设只注重内部绿化景观，而不注重外缘绿化景观，建筑群矗立在农业景观中，显得非常突兀，与其周围环境格格不入。每幢建筑物独立呈现，与地形缺乏关联性，与田地块缺乏缓冲绿带，这是村镇建设中聚落破坏自然景观的一种突出现象。

乡村聚落应注重外缘绿色空间的营造，但并不是意味着围绕聚落外缘全部绿化，而是因地制宜，利用外缘空地种植高低错落的植被，并与外围建筑庭院内的植被共同创造聚落外缘景观，形成良好的聚落天际轮廓线，并与乡村的田园环境融为一体。

第二节　乡村道路景观规划

村庄道路是指主要为乡（镇）村经济、文化、行政服务的公路以及不属于县道以上公路的乡与乡之间及乡与外部联络的公路。村庄道路涵盖的范围比较广，不论何种等级的道路，只要位于村庄地域范围内，都应该作为村庄道路景观规划设计的对象。

一、乡村道路景观的构成要素

（一）人的视觉角度

村庄道路景观包含以下三个层次。

1. 近景

道路两侧的绿化景观，对于不同等级的村庄道路，由于车速不同，一般在距路边 20~35 米的范围内属于近景。

2. 中景

田园景观包括农业景观和村庄聚落景观，它们共同构筑了以村庄田园风貌为基调的景观空间，这是道路上流动视点所涉及的主体景观，对于车速较快的高等级村庄道路更是如此。

3. 远景

山地景观是以山体和绿化为主的自然景观，作为道路沿线的视觉景观背景。

村庄道路景观的近景完全可以通过景观规划设计来实现。村庄道路景观的中景和远景虽然可以通过道路选线来达到一个比较理想的效果，但同时受到道路途经地区的地质、经济和生态等条件的制约，无法完全兼顾。

（二）景观生态学的角度

根据村庄道路所经过的区域，可以划分出以下四种景观类型。

1. 自然景观

如风景区、自然保护区等。

2. 半自然景观

如林地景观、灌丛草坡地景观、河漫滩景观等。

3. 农业景观

如水田景观、旱地景观、果园景观、盐田景观等。

4. 人工建筑景观

如以村庄居民地为主的村镇景观、矿区景观等。

二、乡村道路景观规划的原则

（一）立足本土原则

村庄道路景观不同于城市街景，其主体是以自然环境和田园环境为背景的村庄景观。不同的地域，其地形、地貌、植被和建筑风格等又各不相同，因此道路景观规划设计要因地制宜，使之成为展现道路沿线地域文化和村庄景观的窗口。

（二）避免损害原则

村庄道路景观规划应保护村庄景观格局及自然过程的连续性，避免割断生态环境空间或视觉景观空间。对旅游风景区、原始森林保护区、野生动物保护区以及文物保护区等自然景观，应避开受保护的景观空间。对自然生态景观空间（如河流、小溪、草原、沼泽地）和视觉景观空间（如村庄、集镇等村庄聚落），要避免从中间经过，切断它们之间的联系。

（三）确保安全原则

任何等级和使用性质的村庄道路的首要前提是满足安全的要求，缺乏行车安全的道路，再怎么谈论景观都是毫无意义的。安全性不只是道路本身设计的问题，道路景观也会间接地影响道路的安全性，如沿线景观对司机视线或视觉的影响，因此安全性是道路景观规划设计的前提和基础。

（四）保护环境原则

村庄道路景观建设应尊重自然，服从生态环保要求，结合生态建设和环境保护，弥补和修复因道路主体建设所造成的影响和破坏，并通过景观生态恢复达到村庄地区自然美化的目的。

（五）通盘考虑原则

村庄道路景观规划设计同其他建设密切配合，把道路本身、附属构造物、其他道路占地以及路域外环境区域看成一个整体，全盘考虑，统一布局。

第三节　乡村水域景观规划

传统农田水利偏重灌溉、防洪、排涝等方面内容，加之长期以来的城乡二元化发展模式，使得农村水景观的营造缺少必要的理论基础和实践经验。农村水景观的研究涉及水利、环境、景观、生态等多学科、全方位的问题。研究农村水景观的目的就在于寻找适宜的理论和方法来解决农村水景观建设过程中的问题。

一、乡村水域景观规划的理论探析

（一）乡村河流水体的功能

1. 供水灌溉功能

农村河流水塘是农村自然的重要构成，河流水体中的水源是农村生产生活的重要基础物质。农村居民在应用自来水前的生活用水全部来源于此。即使在实现区域供水的地区，居民们还保留着大量使用河流水塘中的水洗漱的习惯。农村的河流水体更是农业生产灌溉的重要水源。

2. 蓄洪除涝功能

作为穿越农村、沟通农村与外部水系的流动介质，蓄泄洪涝是农村河流的重要功能，是农村自然循环的重要组成部分。但在现代农业技术普及的过程中，农村人口向城市转移，大量化肥、农药的使用使得农村水体污染严重。由于一些水利工程与交通工程的兴建，以及经济发展与水争地，许多河道被填埋，河道被束窄，河网被分割，河流正常的自然循环过程被打乱，河道输水能力及调蓄能力降低，严重影响了河流蓄泄洪涝功能的发挥。近几年开展的河道疏浚就是为了解决这一问题，并取得了巨大的成效。

3. 生态功能

与河流生态功能密切相关的因素是连通性、河流宽度和水质。河流是一个完整的连续体，上下游、左右岸构成一个完整的体系。连通性是评判河道或缀块区域空间连续性的依据。高度连通性的河流对物质和能量的循环流动以及动物和植物的生存极为重要。从横向上讲，河流宽度指横跨河流及其临近的植被覆盖地带的横向距离。影响宽度的因素包括边缘条件、群落构成、环境梯度以及能够影响临近生态系统的扰乱活动。

河流的生态功能包括栖息地功能、通道功能、过滤与屏蔽功能以及源汇功能等。

（1）栖息地功能

栖息地功能很大程度上受到连通性和宽度的影响。在河道范围内，连通性的提高和宽度的增加通常会提高该河道作为栖息地的价值。

栖息地为生物和生物群落提供生命所必需的一些要素，如空间、食物、水源以及庇护所等。河流可以为诸多物种提供适合生存的条件，它们利用河道进行生长、繁殖以及形成重要的生物群落。

河道一般包括两种基本类型的栖息地结构：内部栖息地和边缘栖息地。内部栖息地具有相对更稳定的环境，生态系统可能会在较长的时期保持着相对稳定的状态。边缘栖息地是两个不同的生态系统之间相互作用的重要地带，处于高度变化的环境梯度之中，相比内部栖息地环境，有着更丰富的物种构成和个体数量。

（2）通道功能

通道功能是指河道系统可以作为能量、物质和生物流动的通路。河道由水体流动形成，又为收集和转运河水和沉积物服务。还有很多其他物质和生物群系通过该系统进行移动。

河道既可以作为横向通道也可以作为纵向通道，生物和非生物物质向各个方向移动和运动。有机物物质和营养成分从高处漫滩流入低洼的漫滩而进入河道系统内的溪流，从而影响到无脊椎动物和鱼类的食物供给。对于迁徙性野生动物和运动频繁的野生动物来说，河道既是栖息地，同时也是通道。生物的迁徙促进了水生动物与水域发生相互作用。因此，连通性对于水生物种的移动是十分重要的。

河流通常也是植物分布和植物在新的地区扎根生长的重要通道。流动的水体可以长距离地输移和沉积植物种子。在洪水泛滥时期，一些成熟的植物可能也会连根拔起、重新移位，并且会在新的地区重新沉积下来存活生长。野生动物也会在整个河道系统内的各个部分通过摄食植物种子或是携带植物种子而促进植物的重新分布。

河流也是物质输送的通道。结构合理的河道会优化沉积物进入河流的时间和供应量，以达到改善沉积物输移功能的目的。河道以多种形式成为能量流动的通道。河流水流的重力势能不断雕刻着流域的形态。河道可以充分调节太阳光照的能量和热量，进入河流的沉积物和生物通常是来自周围陆地，携带了大量的能量。宽广的、彼此相连接的河道可以起到一条大型通道的作用，使得水流沿着横向方向和河道的纵向方向都能进行流动。

（3）过滤和屏障功能

河道的过滤器和屏障作用可以减少水体污染，最大程度地减少沉积物转移。影响系统屏障和过滤作用的因素包括连通性和河道宽度。物质的输移、过滤或者消失，总体来说取决于河道的宽度和连通性。一条相互连接的河道会在其整个长度范围内发挥过滤器的作用，一条宽广的河道会提供更有效的过滤作用，这使得沿着河道移动的物质也会被河道选择性地滤过。在这些情况下，边缘的形状是弯曲的还是笔直的，将会成为影响过滤功能的最大因素。

河道的中断缺口有时会造成该地区过滤作用的漏斗式破坏损害。在整个流域内，向大型河流峡谷流动的物质可能会被河道中途截获或是被选择性滤过。地下水和地表水的流动可以被植物的地下部分以及地上部分滤过。

（4）源汇功能

源汇功能是为其周围流域提供生物、能量和物质。汇的作用是不断地从周围流域中吸收生物、能量和物质。

河岸和泛滥平原通常是向河流中供给泥沙沉积物和吸收洪水的“源”。当洪水在河岸处沉积新的泥沙沉积物时，它起到“汇”的作用。在整个流域规模范围内，河道是流域中其他各种斑块栖息地的连接通道，在整个流域内起提供原始物质的“源”的作用。

另外，河道又是生物和遗传基因的“源”和“汇”。由于河道具有丰富的物种多样性，很多生物在此处聚集，在此繁殖、生长，又有一些生物长成后，迁移至别处生存，因此此处又是生物的“源”。

4. 景观功能

河流景观是农村景观的重要组成部分，农村河流具有空间的方向性，是村落田野的坐标。蜿蜒曲折的河流勾勒出美丽的村落与田园格局。丘陵山区的潺潺流水，平原地区密如蛛网的水系，强烈地影响着区域与村落的个性。河流中的物产与当地居民的生活生产形态长期以来形成密切的关系，构造着地域的文化背景。河流勾连着村庄与田野，在这一连续性体系中，形式各异甚至带有特殊文化内涵及历史意义的水上桥梁是重要的焦点景物。沿河高低错落的植物又是河流景观的另一重要组成部分，描绘着河流的边界与走向，共同形成怡人的河流景观。

5. 休闲与应急功能

农村水系是一个公共的绿色开放空间，丰富多变的水体形态与滨水空间可以供人们休闲娱乐；清新的空气能够调整人们的精神和情绪；动植物的共生共存让人们体味大自然的丰富与美丽；与水有关的历史文化遗迹可以让人们凭吊；以水为载体的水上活动不仅具有强身健体的功能，而且具有放松身心的作用。

村庄一般离消防站的距离较远，村庄若发生火灾，消防队很难在较短时间内赶到救灾现场。许多时候，水源也是救灾的制约因素。居住区中适当保留的水系能够为灭火救灾提供就近的水源，为居民自救提供可能。如果出现自来水供应安全事故，水系中的蓄水还可以用作备用水源。

（二）乡村水景观的构成

景观要素是景观结构和功能的基础，农村水景观的多功能性源于景观要素的多样化。充分利用和合理配置各类景观要素，是农村水景观建设过程中的重要任务。根据景观元素的存在形态不同，可将其分为物质要素和文化要素两大类。物质要素主要指有形的自然物或者人造物，包括水体自身，与水相关的植物、动物及水边建筑等；文化要素是无形的思想观念、文化认知、价值取向等。

1. 物质要素

（1）水体

水体是构成水景观最基础和根本的物质要素，也是水景观各项生态服务功能得以实现的核心要素。水是自然生态系统中不可或缺的要素。水体的美学元素包括形态、质、量、音、色各方面，给人以视觉、听觉、嗅觉、触觉多方位的审美享受。水体还能使人产生心理的共鸣，平静的水面使人心境平和，潺潺细流令人温馨、愉悦，汹涌的水浪使人激情澎湃。

①水的形态

水本身并没有固定的形态，但是其“盛器”的大小、形状、结构的变化使得水体具有多姿的形态。农村水体形态的形成主要受两个方面的作用：一是自然力的作用，包括地质运动、水力等，这类水体形态通常具有不规则的边界，自然曲折；二是人力的作用，为满足一定的生产、生活需要，借助特定的工具或者条件形成，人工水体的形态趋于规则，表现出规整的格律美。

②水的品质

水质是关系水体各项生态服务功能实现的根本特性，不仅影响着水体在视觉、嗅觉等方面的审美体验，更关系着水系在供水、生物多样性保护等方面的功能。因此，良好的水质是农村水景观建设的基础和保障。洁净是水所具有的本质生态美。水能洗涤万物，还万物以清新洁净的面貌。水的这种清洁纯净、晶莹空翠也成为人格精神和心灵境界的象征，为人们所推崇。洁净的水更是滋养万物的源泉，为各类动植物提供了良好的生存环境，为人类的生产、生活提供了必要的物质保障。由此可见，水质的改善是水景观建设的必要前提。

③水的声音

水流的运动形成水声，不同的水流方式产生各自独特的音响效果。这些音响效果能够唤起人们不同的情绪，传达了听觉上的感官享受。水的音律美具有以心理时空融会自然时空的特点，即人们听到潺潺的流水声，往往会联想到清澈的溪水，进而体验到身处小溪边的愉悦感受。

④水的动态

流动是水的重要“性格”特征，是水体具有音律美的前提，也是水体实现自净能力的重要手段。水流动的特性使水具有活的生命，充满灵性；也使水体具有超出其盛器范围的多姿多彩的形态。流水还使泛舟、放河灯等涉水活动成为可能，增加了水景观的参与性。在实现生态系统服务功能方面，流水不仅有助于物质、能量在空间上的转移，也有助于水生动植物的繁衍和迁徙，促进自然生态系统的发展和演化。因此，保持水体的流动特征也是水景观建设的重要内容。

（2）植物

水景观本是无生命的，而动植物的存在赋予了景观生命力，使其成为动与静相结合的景观综合体。植物是天然的生产者，为自然界的生物循环提供了营养物质；是水景艺术美规律构成的关键要素，具有柔化硬质景观、丰富空间层次、标志季相更替、营造意境氛围等作用。

自然界中植物的种类多种多样，根据生长环境的不同，可大致分为陆生植物和水生植物。

陆生植物根据植株的形状、大小等特性，主要分为以下四种：第一，乔木。树体高大，有一个直立的主干，如玉兰、白桦、松树等。第二，灌木。相对乔木体形较矮小，没有明显的主干，常在基部发出多个枝干，如玫瑰、映山红、月季等。第三，草本植物。茎内木质细胞较少，全株或地上部分容易萎蔫或枯死，如菊花、百合、凤仙等。第四，藤本植物。茎长而不能直立，靠依附他物横向或纵向生长，如牵牛花、常青藤等。

生长在水中或湿土壤中的植物通称为水生植物。水生植物主要包括以下四种：第一，挺水植物。挺拔高大，花色艳丽，绝大多数有茎叶之分，下部或基部沉于水中，根或地茎扎入泥中生长发育。第二，浮叶植物。一般根状茎发达，花大，色彩艳丽多姿，叶色变化多端，无明显地上茎或茎细弱不能直立，有根在泥中不随风飘移。第三，漂浮植物。根不生在泥中，植株漂浮在水面之上，多数不耐寒。第四，沉水植物。根茎生于泥中，整个植株沉入水体中，通气组织特别发达，利于在水中空气极少的环境下进行气体交换。

①植物的生态学价值

农村水景观中，植物具有突出的生态学价值。作为自然界的生产者，植物保证自然生物循环的正常进行。各类水生或陆生的植物在改善空气质量、防治水土流失、净化水体等方面具有杰出的功效。

在净化空气方面，他们不仅能通过光合作用和基础代谢，吸收二氧化碳，释放氧气，还能对空气中的有毒气体起到分解、阻滞和吸收的作用。植物的叶片还能吸附粉尘，一部分颗粒大的灰尘被树木阻挡而降落，另一部分较细的灰尘则被树叶吸附，这样就提高了空气的洁净度。

在防治水土流失方面，研究证实，草灌植被的繁生可以强化土壤抗冲性、土壤通透性和蓄水容量，增加入渗，减少超渗径流，防止冲刷，尤为重要的是草灌植被可以分散或消除上方袭来的水流，增加坡面径流运动阻力，削弱径流侵蚀能力，进而减少当地的水土流失。

在净化水体方面，水生植物可以吸附水中的营养物质及其他元素，增加水体中的氧气含量，抑制有害藻类大量繁殖，遏制底泥营养盐向水中的再释放，以维持水体的生态平衡。其机理主要是通过自身的生命活动将水中的污染物质转化为自身的有机质，同时通过光合作用产生氧气，增加水中的溶解氧，从而改善水质。

②植物的美学价值

早在人类诞生以前，各种植物就为地球穿上了绿装。植物的存在往往能使原本单调、无生机的静态景物显得生机勃勃。植物的美学价值体现在其三大性质上。

第一性质即原始性质，是与物体完全不能分离的，如植物的大小、形态、季相变化等特征，这丰富了景观在时间和空间上的层次。利用植物本身的枝干、冠幅等，可以构成不同的平面、形成或开放、或独立的景观空间。植物的季相特征不仅体现在不同植物对生长季节的选择上，也体现在同种植物春华秋实的季节变化规律上，这增加了景观在时间序列上的丰富度。

第二性质是能借助第一性质在人们心中产生各种感觉的能力，作用于人的感觉、心灵，如植物的色彩、质地等。植物拥有美丽的色彩、美妙的芳香以及特有的质地，给人们带来视觉、嗅觉、触觉全方位的审美享受。人们对植物的欣赏是生理需求和心理需求的结合。植物的色调主旋律——绿色，具有抚慰视觉乃至心灵的特殊审美作用。一方面，由于绿色在明度上处于中性偏暗的层面，对人的刺激甚微，具有阴柔温顺的性格美感另一方面，人类在现实生活中形成了视觉适应心理，即人类自诞生以来就生活在绿色空间的怀抱中，绿色给人安全、舒适的感受。

第三性质是同历史、文化所适应的事物的象征精神。自先秦的理性主义精神，人们对自然美的观照就同人的伦理道德互渗互补，融合在一起，把自然景象看作人的某种精神品质的对应物。作为文化的积淀，景观中植物的配置可以促进社会伦理道德观念的传扬，洗涤人们的心灵。

(3) 建筑

建筑是人类改造自然界最突出的表现形式，是人们为满足生存、发展需要而构建的物质空间。建筑的格局和形式因时、因地而异，它是人们审美情趣、道德取向最集中的体现，也在很大程度上反映了人的精神需求以及对自然的态度。

①住宅结构

随着农村经济条件的改善，村庄住宅的建筑材料已经由传统的木结构转变为砖、石结构，建筑形式也由原来的平房转变为以两层为主的楼房。农村住宅的结构和形式一般在较长时间内相对稳定，这又体现了当时村民的审美观念和生活品质。因此，农村水景观的营造要尽量使景观同周围建筑相协调，以提升农村居民的居住环境水平。

②村庄住宅布置形式

乡村住宅布置多采用行列式或周边式。行列式布置的住宅建筑多为平行排列，一般坐北向南，便于采光。周边式住宅多围绕一中心，各个建筑同样采取坐北朝南的格局。村庄住宅的这两种布置形式在很大程度上受到水体形态的影响，一般居住区内的水体形态多为直线形或块状。为取水之便，人们临水而居，就形成行列式或周边式的居住形态。

(4) 动物

动物的景观效果是通过生活习性、本能行为实现的。农村水景观中，动物既是重要的景观要素，又是景观营造的服务对象。景观营造的目的之一就是满足各种动物生存和发展的需求。

(5) 桥

桥作为水上建筑物，既是水景观中不可缺少的要素，也是重要的观景点。在实用功能上，桥是沟通水体两岸的连接建筑物，不仅为人们的生活提供方便，更为动物的迁徙提供了越水通道。在景观功能上，桥的结构、材料、形态等都是水景观的重要组成部分；又因桥凌驾于水面的特殊位置，使它近水而非水、似陆而非陆、架空而非空，是水、陆、空三维的交叉点，成为很好的景观观赏点。

2. 文化要素

每个社会都有与之相适应的文化，并随着社会物质生产的发展而发展。文化作为一个世界性的话题，世界观、价值观、道德观等无不受文化的影响。水文化是人们在从事水务活动中创造的以水为载体的各种文化现象。农村因其特殊的生产、生活环境，形成朴素而丰富的水文化，而在城市化进程加快、社会意识急剧变化的今天，农村水文化在居民生活方式都市化、村庄整体景观现代化的冲击下，面临着尴尬的境地。保护和挖掘水文化是农村水景观建设的应有之义。

（1）诗文传说

①诗文

水清澈、高洁的品质使其成为真、善、美的象征，水景观也成为自古文人墨客歌颂的对象和灵感源泉。自古以来，因水而为的诗歌数不胜数。诗人赞叹水景之奇、之壮、之美，也将水作为人格精神的折射和心灵意境的反映。儒家将水比作智者，孔子曰：“知者乐水，仁者乐山”，老子曰：“上善若水。水善利万物而不争，处众人之所恶”。

②传说

每一个与水相关的传说都讲述了一个动人的故事，水增加了传说的生动性，传说赋予水更多的色彩。例如，在洪水灾害成为最大的安全隐患之时，有大禹“三过家门而不入”的治水故事。

（2）民俗活动

民俗是人们在社会群体生活中，在特定的时代和地域环境下形成、扩大和演变的一种生活文化。民俗活动的重要特征是其广泛的参与性，文化的参与性是文化得以保存、传播和发展的重要原因。人们总是经常思考、谈论或者回味自己参与过的事情，因此具有参与性的文化内容比起文字或者文物等物质形态的文化更容易被人们记住。并且，人们的参与过程往往又丰富和发展了文化的内涵。

（三）乡村水景观的景观生态学阐释

农村水景观建设要实现水体在美学、生态、文化、生产等方面的功能，就需要运用景观生态学的原理。对水体及其周围各环境要素进行生态学的解析。

1. 乡村水景观的营造

从研究内容和研究目标来看，农村水景观的营造需要做到以下几点：①研究范围要突破水体的界限，将水体周围的各个环境要素，包括农田、村庄聚落形态、道路等纳入水景观研究的系统中。②水景观的功能及其动态变化受人类活动的影响，特别是在农村居住区。村民对水景观的影响分为有利和有害两种，科学的生产、生活行为可以保护水景观，促进生态系统的良性循环；反之将破坏水生态系统的平衡，导致景观和环境的恶化。③景观的文化特性说明农村水景观同乡土文化有着密不可分的关系。

当地村民对景观的认识、感知和判别将直接影响水景观的营造过程。水景观是乡土文化的重要载体，在很大程度上反映了不同地区人们的文化价值取向。环境对人的影响也是巨大的。农村水景观通过美的形式和多方面的生态服务功能，将影响村民的审美情趣及其在生态伦理等方面的认知。

2. 乡村水景观的景观生态功能

（1）乡村水景观的生态基础功能

生态基础设施的概念是 20 世纪 80 年代中期由联合国教科文组织提出来的，它表示自然景观和腹地对城市的持久支持能力。基础设施是指为社会生产和居民生活提供公共服务的基本条件和设施，它是社会赖以存在和发展的一般物质基础。生态基础设施具有同其他生产生活基础设施类似的属性，是对“上部建筑”的支持。虽然生态基础设施的概念是针对城市的可持续发展问题提出来的，但随着农村现代化的推进，农村的可持续发展同样需要生态基础设施的支撑。

生态基础设施应该包括两个方面的内容：一是自然系统的基础结构，包括河流、绿地等为人们的生产、生活提供基础资源的系统；二是生态化的人工基础设施。由于人类社会与自然系统之间的共存关系，各种人工基础设施对自然系统的发展和改变具有重要影响。人们开始对人工基础设施采取生态化的设计和改造，以维护自然过程。

农村水体作为农村区域内自然系统的重要组成部分，是支撑农村社会经济可持续发展的必要生态基础设施。而农村水景观的建设过程则是人工基础设施的设计和改造过程。因此，农村水景观应该兼具自然系统和人工系统两方面的基础功能：一方面水景观的建设不能破坏水生态系统在资源供给等方面的公共服务属性；另一方面水景观的建设要体现生态化人工基础设施的功能，如在景观美化、教育等方面的作用。

（2）乡村水景观的安全功能

景观安全格局是以景观生态学理论和方法为基础来判别景观格局的健康性与安全性的。景观安全格局的理论认为，景观中存在着某些关键性的局部、点及空间关系，构成潜在空间格局，这种格局称作景观的安全格局。景观安全格局理论认为，只要占领具有战略意义的关键性的景观元素、空间位置和联系，就可能有效地实现景观控制和覆盖。

景观生态学的基本原理明确哪些基本的景观改变和管理措施有利于生态系统健康，景观安全格局则是设法解决如何进行这些景观改变和管理才能维护景观中各过程的健康和安全。

①农村水系的生态功能

生态功能是指自然生态系统支持人类社会存在和发展的功能，以其支持作用的重要性可分为主导功能和辅助功能。对农村水体来说，其主导功能一般包括灌溉、防洪、生活供水等，辅助功能包括水土保持、生物多样性保护、美化环境等方面。

②农村水体的生态问题

景观安全格局的目标是维护景观过程的健康，使其有效地发挥生态功能。因此，了解农村水体的生态问题，是建立水景观安全格局的前提。

③农村水景观安全格局的构成

生态安全的景观格局应该包含源、汇、缓冲区、廊道等组分。源主要指生态服务功能的主要输出和产出的源头，对整个生态系统发展起关键促进作用。汇是生态服务功能主要消费或消耗地，对过程起阻碍作用。源和汇的概念是相对的，要视所研究的生态过程而定。缓冲区是源和汇之间的过渡地带，也是潜在的可利用空间。廊道是指不同于周围景观基质的线状或带状景观元素，生态廊道被认为是生物保护的有效措施。

（3）乡村水景观的反规划功能

①反规划理论的内涵

“反规划”的概念是一种景观规划途径。这个“反”体现在思想和过程两个方面：在思想上，反思传统的规划方法，重新回到“天人合一”的原点；在过程上，采用“逆”

向程序，首先以自然、文化生态的健康和安全为前提，优先确定保护区，在此基础上进行理性规划。从本质上讲，它是一种强调先保护、后建设的理念，更注重生态环境的可持续性。它认为景观营造的成功与否不是以对社会、经济发展的准确预测为判断条件的，而是以生态格局的健康性和安全性为准则。

②乡村水景观的反规划步骤

由于反规划理论是以景观安全格局的途径来确定生态基础设施的，因此其步骤遵循景观安全格局的六步骤模式。在目标明确、利益分析清楚的条件下，农村水景观建设的步骤可以简化为场地表述—场地过程分析—场地评价—景观改变方案的确定四个步骤。

③乡村水景观的反规划原则

根据反规划的理论思想以及农村社会经济发展的现实需求，确定农村水景观建设的以下基本原则。

第一，自然性。想要营造出能促进农村社会、经济、文化可持续发展的农村水景观，就一定要充分尊重自然界景观发展的规律。

第二，全息性。全息性是指滨水空间满足不同年龄层居民活动需求的特性，要求空间能实现多种功能。功能的多样性是滨水空间的活力源泉，这样才能使滨水空间真正成为富有魅力的农村公共空间。结构决定功能，滨水空间配景和公共设施的布置是实现空间功能多样性的重要条件。

第三，文化性。农村的文化是与农业生产模式和居民生活方式紧密联系的。随着乡村工业的发展，农业现代化以及生活方式城市化，乡村的历史文化正在被城市化的脚步吞没。自然形成的村庄聚落形态逐渐被扩大的工业区打乱；传统的民俗活动、风俗信仰在忙碌的生活中被遗忘。鉴于此，农村水景观的营造应通过对乡村文化的发掘和利用，唤起人们对传统文化的追忆，使农村在城市化的过程中保持传统的文化特色。

第四，亲水性。水体清澈、流动的自然特性，使亲水活动能够引起人们的愉悦感。亲水活动多种多样，包括垂钓、游泳、水边漫步等。让人们亲近水、进入水是水景观建设的主要目的，也是增加水景观游赏性的重要手段。

第五，适宜性。首先，农村水景观的营造要同农村的农田景观、村庄聚落形态相协调，为自然景观增色。其次，农村水景观要满足农村居民的实际需求和审美要求。

二、乡村水域景观规划的具体实践

人类对世界的改造不仅根据客观需求，还根据主观的愿望和偏好。这种偏好因时间、空间而异，这种时间、空间的差异就表现为文化的差别。不同的时间范围内，人们的思想认识水平大致相仿，而且在空间上相互影响和传播；在一定的空间范围内，因在时间序列上形成的地域文化，使空间范围内的文化因素相差不大。这些因素使得一定时间和特定空间范围内的人们在审美、信仰等方面有着共同的取向，这种取向是指导人们改造景观的原动力。

（一）治理水环境

水质是水景观建设的基础和保障，因此农村水景观建设首先要对农村水环境进行治理。

1. 加强乡村企业的管理

为避免或减少乡村企业对农村水环境的污染，必须在规划过程中，推行工业集中布局，并尽量远离水源区；在审批过程中，严格执行环境影响评估和“三同时”制度；在运行过程中，实现及时监测，鼓励和帮助企业进行技术改造，推行清洁生产和节约生产的模式，特别是必须坚持污水处理达标排放的基本原则。

2. 发展生态农业、节水农业

发展生态农业不仅可以减少农业面源污染，也可以发展农业经济，实现农民增收。具体来讲，应积极研发生态型农药，加强对农民的技术支持，推行节水灌溉等技术，改进田间水管理模式，减少农田排水，控制面源污染，增强农民的环保意识。

3. 集中处理生活污水

生活污水是农村水污染的主要来源，但是现阶段无法在农村地区广泛建设污水处理厂，因此可以根据生活污水可生化等特点，利用村庄原有的河流、水塘等水体建设氧化塘、人工湿地等污水处理系统。氧化塘是一种利用天然净化能力处理污水的生物处理设施，主要依靠微生物的分解作用达到水体的净化效果。人工湿地是利用自然生态系统中的物理、化学和生物的三重作用实现对污水的净化。这种污水处理方式既节约了成本，又使水资源能够在村庄范围内得到循环利用。

（二）设计景观护岸

景观护岸的设计在满足其工程需求的同时，还要兼顾护岸的景观功能和生态功能，满足居民对水景观的审美需求。提高居民生活环境质量，并体现人、水相亲的和谐自然观；保持水、土之间的物质和能量交换，为生物提供生长、繁衍的场所，有利于发挥水体的自净能力。

1. 植物配置

在农村水景观建设过程中，可利用的植物种类相当丰富，只需对植物进行适当挑选和合理布置，便能达到很好的观赏效果。植物景观的配置需要考虑以下几个问题。

（1）选择植物种类

选择植物种类需要考虑多方面的因素。

①环境适应性

植物的健康生长是植物景观形成的前提，只有选择适合环境的植物才能保证存活率。

②植物自身的特性

过高的繁殖率会对水体生态系统的正常循环造成威胁。

③本土原则

尽量选择本土植物，一方面节省了成本，另一方面可以避免由于选用外来植物而引起的种间竞争，影响生态系统的平衡。

（2）如何搭配所选取的植物

需要考虑如何搭配这些植物，才能形成良好的景观效果。植物景观配置可以分为以下几个步骤：第一，植物景观类型的确定。植物景观类型是根据景观的功能及景观意境确定的，如平原区农村的生产区不宜种植高大的乔木，因其容易破坏开阔的视野，与田块争夺阳光、营养；以休闲游憩为主的空间则需要乔灌草的搭配，形成变化多姿的空间。第二，综合植物景观类型、生长环境与植物特征，初选植物品种。第三，考虑主要品种和次要品种。主要品种是形成植物景观的主体，次要品种起到色彩、体量等方面的调节作用。第四，考虑植物的株型、叶型、花型，考虑其叶色与花色，色彩在一年四季中的变化，开花与落叶时间等。第五，根据景观空间的大小种植适量的植物。过高的密度不利于植物获取充足的养分，影响植物的生长，密度过低则影响群落景观的形成。

（3）优先考虑本土植物

农村的公共财力十分有限，可以充分利用当地常见的花卉树种，既能与本土景观协调，又易于生长，且经济便利。同时，还可以利用农业生产中的作物形成景观。极易生长的迎春、花期较长的月季、秋寒中绽放的菊花等都是很好的植物景观源。

（4）与周围农村景观与色彩的协调

农村的居住区与生产区有其独特的景观与色彩，需要对其进行实地调研，才能在植物配置中进行协调。例如，平原区的农业生产区地势比较平坦，视野开阔，河岸水塘边不适宜种植大量高大的乔木，只适宜极少量的点缀；低丘山区的农业生产区则可以根据适地适树的原则，有较多的选择。

2. 断面与护坡的形式

（1）U 形断面

U 形断面是最原始的断面形式，也称为自然形河道断面，它是由水流常年冲刷自然形成的。

（2）自然梯形断面

自然梯形断面通常采用根系发达的固土植被来保护河堤，断面采用缓坡式。对于河面较窄、河流水位年内和年际变化比较小的农村河道，可采用自然梯形断面。

（3）多自然复式断面

多自然复式断面是水景观建设中较为理想的断面形式。它兼顾了防洪、水土保持、景观、休闲等多方面的功能。护坡可以在自然护坡的基础上采用透水性材料或者网格状材料以增强护岸的抗冲刷能力。根据枯水水位和洪水水位来确定梯级的高程，使河岸在丰水期和枯水期呈现不同的景观效果，且在水位变化的过程中仍不影响人们近水、亲水的需求。

（三）选择护岸形式

为了防止洪水对河岸的冲刷，保证岸坡及防洪堤脚的稳定，通常对河道的岸坡采用护岸工程保护。

从景观方面看，河流的护岸是一道独特的线形景观，并能强化地区和村落的识别性。另外，护岸作为滨水空间，是人们休闲、游憩频繁的区域。

从生态方面看，护岸作为水体和陆地的交界区域，可以作为水陆生态系统和水陆景观单元相互流动的通道，在水陆生态系统的流动中起过渡作用，护岸的地被植物可吸收和拦阻地表径流及其中杂质，并沉积来自高地的侵蚀物。

河道护岸主要有硬质型护岸和生态型护岸两种形式。

1. 硬质型护岸

硬质型护岸主要考虑的是河道的行洪、排涝、蓄水、航运等基本功能，因此护岸结构都比较简单且坡面比较光滑、坚硬。但硬质型护岸破坏了水上之间相互作用的通道，因此给生态环境造成了许多负面影响。例如，硬质型护岸的坡面几乎无法生长植被，来自面污染源的污染物很容易进入水体，进一步加重了水体的污染负荷；硬质型护岸的衬砌方式减少了地表水对地下水的及时补充，导致地下水位下降、地下水供应不足、地面下沉。

2. 生态型护岸

（1）植物型护岸

植物型护岸是江河湖库生态型护岸中比较重要的一种形式，它充分利用护岸植物的发达根系、茂密的枝叶及水生护岸植物的净化能力，既可以达到固土保沙、防止水土流失的目的，又可以增强水体的自净能力。

（2）动物型护岸

动物型护岸是通过对萤火虫、蜻蜓等昆虫类和鱼类的生理特性及生活习性的研究而为其专门设计的护岸，有利于提高生物的多样性，同时也为人类休憩、亲近大自然提供良好的场所。

①萤火虫护岸

萤火虫护岸是通过对萤火虫生理特性和生活习性的连续性研究，得出最适宜萤火虫生存的环境条件，再将其与护岸构建结合起来的一种新型护岸技术。

②鱼巢护岸

以营造鱼类的栖息环境为构建护岸时考虑的主要因素。护岸材料选用鱼类喜欢的木材、石材等天然材料，以及专为鱼类栖息而发明的鱼巢砖和预制混凝土鱼巢等人工材料。这些材料的使用可在水中造成不同的流速带，形成水的紊流，增加水中的溶解氧，有利于鱼类和其他好氧生物的生存。这样，既能为鱼类提供栖息和繁衍的场所，又有利于增加河流生态系统的生物多样性，提高水体的自净能力。

（四）创造水景观意境

水景观意境的创造是乡村水景观建设的核心内容，也是景观能引起人们共鸣的关键所在。农村水景意境是人们在认识农村水景观的过程中形成的整体印象，是水景客观现象同认识者主观意识共同作用的产物。

从内容上看，景观意境包含三个方面。一是景观的客观存在。二是艺术情趣，主要有理解、情感、氛围、感染力等，是主观与客观的结合。三是在前两者的基础上产生的对景观的联想和想象。

景观意境的审美层次由感官的愉悦到情感的注入，再到联想的产生，是逐级加深的。其中，感官的愉悦可以通过景观元素的形、色、嗅、质等完整的表象来实现；情感上的共鸣则在很大程度上受观赏主体的意识、观念、信仰等因素的影响；联想、想象的产生有赖于观赏主体对客体的理解以及主体的生活经历、知识构成。因此，在农村水景观的营造过程中，要充分考虑到居民意识、观念等方面的因素。

景观意境的个性化是农村水景观建设的重点，千篇一律的水景观容易使人产生视觉疲劳。农村水景观的意境应在于突出反映乡村自然景观特征、生活风情与居民精神面貌。

1. 景观主题的确定

景观主题的确定是构建景观意境的重要手法。景观主体对客体的感知是多渠道的，并在很大程度上受外界信息的影响，景观主题可以引导感知和联想的过程。主题可以通过多种形式加以体现，包括直接的视觉体验、主题情景的“编织”等，其中主题情景的编织更能拓展观赏者的想象空间。

2. 多种造景手法的运用

农村水景观是一个多因素组合的有机整体，由部分到整体的过程并非简单的叠加过程，而需要用适当的造景手法辅助，才能使整体的景观效果优于单体的组合。

成功的农村水景观营造实际上要求科学性与艺术性的高度统一，既要满足植物与水环境在生态适应性上的统一，又要满足乡村景致与主色调协调统一，还要通过匠心独运的设计体现水景观的整体美与观赏的意境美。

亲水环境和景观布置应充分利用自然资源，打造出与当地环境相协调的特色景观。亲水环境和景观设置的区域主要包括水面和滨水区。其中，滨水区是能给人们提供亲水环境的空间，就是指水域与陆地相接的一定范围内的区域。它是创造亲水环境和进行景观设置的重点区域。

（1）师法自然

师法自然是我国古代园林理水的核心和精华。农村水景观建设中的师法自然具体来说包括两个方面：一是仿照自然的形态；二是仿照自然的特性。园林理水中师法自然主要是针对自然形态而言的。只有美的事物，才有必要加以模仿。因凭、拟仿、意构是古代园林师法自然的主要表现手法。因凭即是在自然原型的基础上因地制宜，加工创造。拟仿即是对著名的原生态的自然景观形象加以模仿。建构同某一名胜仙境类似的形象，达到“小中见大”的效果。拟仿还可用于对理想仙境的模仿。意构即不拘泥于一地一景，而是广泛集中概括，融之于胸，敛之于园。

（2）借景

景观意境与时空有密切的关联。借景即打破景观在界域上的限制，扩大空间，具体可分为远借、近借、仰借、俯借、因时而借等。其中近借、远借、俯借、仰借是对空间而言的，而因时而借则是相对时间而言的。远借和近借是水景观建设中应重点使用的造景手法。远借主要通过空气的透视而表现出若隐若现、若有若无的迷蒙感和空灵的境界；近借主要是通过光与影的对比丰富景观，水景观建设中尤其可利用水面的镜面反射原理形成倒影，使水中影像同岸边实景交相辉映。水中的倒影不仅给水面带来光辉与动感，还能使水面产生开阔、深远之感。光和水的互相作用是水景观的精华所在。特别是在丘陵地区，由于水面和山体有相当的落差，塘坝的水面平静，又具备一定的水面积，易形成倒影，只要合理设置观赏点就可以达到很好的观赏效果。

总之，农村水景观的建设过程可以视作景观造文化、文化造景观的双向互动过程。人们营造水景观，是他们重视改善生活环境，提高生活品质的结果。人们所创造的水景观是一种文化观念的产物，水景观又巩固和强化了它赖以产生的那种文化。景观不仅在塑造着文化，也对在景观中活动的居民加以改造或者塑造，促进或者限制某些行为的发生，这种促进或者限制是建立在一定的道德准则之内的，也是对居民潜意识的发掘。

第六章　乡村景观意象规划设计

第一节　乡村景观意象规划设计

一、乡村景观意象的概念与特征

乡村是人类活动的重要景观空间，既是居住地、生产地，又是重要的目的地。乡村景观意象不仅来自当地居民对乡村景观的感知，而且来自非当地居民的感知和认同，这是乡村景观认知的两大主体。当地居民对乡村景观的感知具有一个很长的时间过程，在当地景观环境中出生、生长，熟悉乡村景观环境的每一个环节，掌握景观环境的自然节律和社会特征，能够通过景观之间的关系进行景观逻辑推断，对自己周围的乡村景观环境具有亲切感和认同感。将乡村作为目的地的感知则是在特定的时间段、特定的景观感知空间、人为的景观感知过程中对乡村景观形成的景观意象。尽管这是亲身的体验，但这种景观感知具有表象性和个别性，缺乏从社会、经济、环境进行的全面深入的景观认识。因此，两大景观感知主体所形成的景观意象往往具有较大的差异，但乡村景观的客观性仍然是决定景观感知的本质因素。

乡村景观意象是在认知过程中，在信仰、思想和感受等多方面形成的一个具有个性化的景观意境图式（Mental Map）。根据景观意象的形成来源和过程，乡村景观意象可划分为原生景观意象（Organic Image）和引致景观意象（Induced Image）两大类。原生乡村景观意象是通过对乡村的亲身感知后获得的景观意象；引致景观意象则是通过一切媒介所获得的景观意象。在生活中获得引致景观意象的途径很多，如历史时期可以通过小说、诗歌、风景画等获得某一乡村的景观意象。随着现代科学技术的发展，通过影像技术、信息技术等也可获得引致景观意象。随着市场经济的发展，在意象逐步成为产品形象塑造的关键环节和超越价格、质量竞争的商誉的历史时期，广告成为诱导景观意象的重要的、最直接的途径。

乡村景观意象是乡村景观规划的基础，适当、准确、标示性强的景观又是乡村景观规划所追求的目标。在意象明确和具特殊保护价值的乡村景观规划中，继承和保持传统景观和景观意象是景观规划的最高原则；在缺乏地方性和以现代景观为主体的乡村景观规划中，则应充分发挥人的景观创造性，在景观生态原则指导下，规划最具有时代性、先进性、生态性和较高美学价值的乡村人居环境。乡村景观意象是乡村景观规划的核心。乡村景观意象具有以下特征：

（一）乡村景观意象的个性化

每一个人对乡村景观的认知、感受形成的景观意象是不同的，它取决于景观认知主体的特征，包括主体的出生、年龄、职业、教育、个人爱好、生长环境等多方面的个性化特征。乡村景观的个性化就是景观个人感知过程的体现，个性化的景观感知过程形成具有不同角度、重点和意境的景观意象，是不同主体对景观感知独到的享受。

（二）乡村景观意象的地方性

乡村景观感知的个性来自感知主体的个性化特征，地方性则来自乡村景观客体不同于其他区域乡村的景观特点，是乡村景观客体地方性的体现。不同人对同一景观客体的感知过程和结果可能是完全不同的，但在感知群体差异不大的情况下，就会有基本相同的景观意象特征。同时，景观的地方性又恰是引导感知主体形成共同景观意象的源泉；乡村景观的社会化则反映一定历史阶段乡村景观所拥有的共同景观特征，它是整个社会乡村的特征。

（三）乡村景观意象的社会化

乡村是一个开放的空间，随着信息的区际流动和乡村景观感知主体的社会化，景观感知过程也逐步完成社会化改造过程。各种信息媒体对乡村经济、社会、生态环境的全面展示，使人们在直接感受乡村景观之前就能获得一部分景观信息，并成为影响景观感知个性化的重要社会化因素。乡村景观意象的社会化就是乡村景观感知过程的相互影响和乡村景观意象感知的趋同性。

二、乡村景观意象规划

乡村景观意象规划是在景观思想、景观精神和景观灵魂层面上对乡村景观进行的最高境界规划，是乡村景观规划的核心，是对乡村景观感知的心理图式进行的塑造。乡村景观意象规划实质是乡村景观意象战略的规划和实施，也是乡村景观形象再造战略（Reimaging Strategies）的实施。根据乡村景观意象明晰程度和意象认同程度，可以将乡村划分为 3 种类型：景观意象强化乡村、景观意象塑造乡村和景观意象重塑乡村。

（一）景观意象强化乡村

景观意象强化乡村是指具有景观特征明确，意象明晰，经历了较长的历史时期并被广泛认同和接受，完全具有景观的地方性特征，并具有唯一性和高度可识别性的乡村。这一类乡村多是文化历史名村名镇、古聚落、传统民居、风景名胜区、人类文化的著名遗迹、经济名村名乡等。这些广为人知的景观要素正是乡村景观意象成型和明确的重要因素。

（二）景观意象塑造乡村

景观意象塑造乡村是指景观特征不明确，意象不清晰，可识别性较差，与其他乡村具有雷同景观的乡村。这类乡村景观环境特色不明显，长期以来在乡村发展中没有形成自己的特色，故没有形成成型和确定的景观意象。这一类乡村景观的规划目标就是经过一定时期的发展和景观建设后，形成明确的乡村景观意象。

（三）景观意象重塑乡村

景观意象重塑乡村是对景观破坏严重，或长期以来受乡村景观的贬低性行为或言语所造成的负面效应影响的乡村。乡村景观意象遭到破坏的因素可能是较严重的环境污染、不安定的社会秩序、不良的社会风气、贫穷的经济面貌、不诚实的经营行为等。乡村景观意象的负面效应一旦在社会上形成广泛认同，将成为阻碍乡村社会、经济和生态环境的全面进步和可持续发展的重要障碍。因此，重塑乡村景观意象是乡村形象再造战略的关键。

乡村景观意象规划是一系列景观建设与未来景观规划支撑下的乡村景观体系，是在乡村景观建设的基础上所渗透的景观意象思想，需要具有乡村景观的硬质景观要素和软质景观要素的共同基础。

从乡村景观意象规划的目的来看，应重点关注乡村景观的可居性（Livability）、可投资性（Investibility）和可进入性（Visitability）3个目标。这3个目标正好体现现代乡村作为居住地、生产地和游憩景观地的价值和功能。可居住性是乡村人居环境建设的重要特征，也是乡村景观规划的重要内容。要改善当地居民的居住环境，全面提高乡村人居环境水平，使乡村不仅成为居民重要的永久性居住空间，而且成为城市临时性第二居所。乡村的可投资性是乡村经济景观、城镇建设以及基础市政服务设施持续改善和提高的动力源泉。它不仅使乡村能够吸引当地的投入，而且能吸引更多的外来投资者加入。这就需要乡村景观具有较强的吸引力或具有较好的发展预期。乡村的可进入性是全面衡量乡村社会、经济和生态环境发展现状与区际的社会经济壁垒。乡村游憩产业的发展是标志乡村可进入性的重要特征。

乡村整体景观意象的确定是一个极其复杂的过程，需要乡村景观要素的意象渗透与景观意象的落实。也就是说，乡村景观整体意象的形成一方面来自乡村景观建设实践；另一方面乡村景观的确定又必须细分到乡村景观的各个要素，使乡村景观特色与景观意象的共同性形成相辅相成的景观感知体系。

第二节 乡村景观格局规划设计

乡村景观整体格局（Total Landscape）规划是在乡村景观环境调查、评价的基础上，以景观科学理论为基础，以景观规划设计技术系统为支撑，以乡村人居环境建设为中心，以乡村可持续发展为目标，对乡村景观环境进行景观区划和景观规划，确定乡村景观的总体特征、格局和发展方向。

乡村景观区划是乡村景观功能区规划的前提和基础，是在不同空间尺度上对乡村景观类型、景观价值、人类活动的特征、存在的问题、景观资源的开发利用方向和方式、景观问题解决的途径、景观演变趋势等景观特征进行综合归并后，将具有共同景观价值一功能特征的景观类型在空间上进行归并和形成景观区域。

依据乡村景观存在的问题、解决途径和乡村可持续景观体系建设的原则，将乡村景观划分为4大区域，分别是乡村景观保护区、景观整治区、景观恢复区和景观建设区。这4大景观区域的划分标志着景观现状特征特别是人类活动对景观的不合理利用程度、景观区域存在的主导矛盾、景观区域在乡村景观中的价值功能所在。

一、乡村景观保护区

乡村景观保护区是乡村景观中自然景观条件较好、具有重要的生态环境意义和游憩景观价值等的景观区域。确定景观保护区的目的是为了严格限定保护区内的人类活动的类型和强度，最大幅度降低人类对保护区景观的扰动。在保护区内，应依据完整的自然景观过程和格局特征，维护动植物种类的多样性和生态系统的稳定性。在自然环境脆弱地带，保护区的景观保护功能显得更为突出和重要。乡村景观保护区主要包括乡村边缘的野生地域景观、旷野景观、原始森林景观、天然次生林景观、湿地景观、低地景观、自然保护区、自然奇观以及具有特殊价值的水域景观等类型。

二、乡村景观整治区

乡村景观整治区域是在乡村景观已经被破坏的区域或人类活动对景观资源的不合理利用而造成的乡村景观质量下降的区域以及人类产业活动和建设过程与乡村景观环境之间不协调与不和谐的区域。景观整治与规划是依据景观科学理论揭示人类对自然景观的不合理扰动影响。由于时间短、扰动强度较低和扰动频度有限等原因，扰动没有超越景观环境容量，并没有造成乡村景观较大幅度的破坏；然而，乡村景观整治区域就是对不合理和不协调的景观过程或景观格局进行科学的规划与调整，建立与景观环境相容的生态规范下的人类活动体系。乡村景观整治区域主要包括城镇景观、工业景观、水域轻度污染景观、坡耕地景观、坡地放牧景观、废弃物堆积景观、风景区内不和谐的建筑景观、乡村荒芜的耕地景观、园地景观、不合理的田块规模与形状、沟谷河漫滩的泄洪物堆积景观、乡村河道人为侵占景观、乡村围湖造田景观等类型。

三、乡村景观恢复区

乡村景观恢复区的任务是重建破坏严重的景观区域，主要方法是通过生物或工程措施，以原有景观为背景，进行景观生态环境重建。自然景观在遭到破坏后的自然恢复过程是一个很长的景观过程，自然系统遵循由简单到复杂的生态系统演替规律进行恢复。人为的景观恢复是对自然景观恢复过程的加速，根据动植物的生境特征，通过人工直接建造复杂生态系统，恢复自然景观。由于乡村人文景观、特别是乡村文化遗产景观是不可再生的景观类型，在古老的景观破坏后，人工的景观恢复已不再具备其历史文化价值内涵。造成乡村景观大规模破坏的原因主要有修建公路和水库、居民搬迁、开山取石、采矿特别是露天开采、树林火灾，还有人口密度大、耕地少的地区在陡坡上砍伐林木、开辟耕地形成大面积滑坡地；在一些山区以林木为原料的造纸、烧制木炭等也形成乡村景观的大规模破坏。乡村景观恢复区有矿区裸露景观、水库淹没地景观、矿渣堆积景观区域等景观类型。

四、乡村景观建设区

乡村景观建设区域主要有乡村城镇景观、工业景观、农业景观区域、游憩景观以及乡村独特的观光生态农业经济沟谷景观区域等。乡村城镇景观是由居民住宅、道路、街道、商店、公共服务设施、公共空间等构成的景观建设区。农业景观因农业资源的特点分别形成了平原区以土地集约利用为主的粮食、经济作物、蔬菜生产的农业景观区域；在山坡地形成的以土地粗放利用为主的林牧业农业景观区域。乡村游憩景观主要是由乡村风景名胜区、民俗节庆旅游活动、休闲农场、观光农园、田园公园等构成的游憩景观。观光生态农业经济沟谷景观是农业景观、游憩景观和居民地景观共同构成的乡村景观综合区域。乡村景观建设区是乡村景观利用与景观价值功能基本匹配的正常景观，是由乡村基本的产业类型和行为构成的景观类型。

第三节　乡村主要景观类型的规划设计

一、农业景观规划设计

(一) 农业景观的特点与农业景观规划的内容

农业是人类发展历史最悠久的经济产业，是人类生存与发展的基础。随着历史发展、社会变革和技术创新，农业生产模式、生产方式、耕作特征以及投入—产出关系等都发生了巨大变化，但农业是一个历史阶段的缩影，农业景观记录了一个历史时期农业的生产特征。农业景观由乡村土地、农作物种植和农业生产过程、格局以及农业生产的辅助景观共同组成，是以农业生产为中心的景观综合体。它不仅包括乡村农业土地利用景观，如耕地(稻田、麦地等粮食种植和蔬菜、棉花等经济作物种植等等)、草地、林地、园地等，而且涉及农业生产方式、生产模式和农业活动等，是一种半自然的景观生态系统，是依靠农作物的自然生产力与人类生产技术的有机结合的生产体系。农业景观具有以下几个特点：①农业景观的生态性。农业是依靠自然规律和农作物自然节律进行生产的行业。农业生产是对自然环境中的农业资源的充分利用，具有较强的自然规律。因此，农业景观的生态特征是农业景观的主要特征。②农业景观的生产性。通过对农作物的人工种植，获得满足人类生存需要的物质产品的过程是农业的生产过程。农业生产具有周期性和时令性。农业景观的生产性是农业存在的根本所在。③农业景观的效率性。农业景观无论是作为生态系统存在，还是作为经济系统存在，其效率特性是农业生态系统和农业产业系统具有的共同特征。农业生态系统的效率性是自然生态系统所具有的自然结构、功能和自然生态系统的生产力；农业经济系统的效率性是人类在农业生产中对农业自然规律进行人工干预所形成的投入与产出效率。由于农业生态系统遵循自然系统的稳定性，经济系统遵循农业生产的利润最大化规律，二者之间的矛盾性成为制约农业景观效率性的主要因素。农业景观的效率性是指在自然生态规律约束下经济效益的持续性。④农业景观的美学价值特性。农业景观的美学价值来自农作物的观赏价值和农作物的构景特征。农作物收获带给人们收获的喜悦体验，农业耕作过程与田园环境所构成的恬静的乡村生活，还有现代高技术农业带给人们的惊奇与对未来的展望等等，都是农业景观美学价值的源泉。⑤农业景观的宏观背景特征。在区域景观体系中，农业景观是面积占绝大优势的景观类型，城市景观成为不同等级体系的点，乡村成为城市的背景。由于农业景观是乡村景观的主体，农业景观成为重要的宏观背景特征。另外，在区域景观中，农业能够综合体现一个地区自然景观和文化景观，特别是反映区域景观的自然景观环境特征，也成为重要的景观的宏观背景特征。

农业景观价值功能的多重性决定了农业景观的基础性、重要性和复杂性。从农业景观的构成要素来看，由单一农作物所构成的农业生产地块是农业景观空间结构构成的基本景观单元，有的单元面积很大，有的面积很小，不同农作物地块相互交错分布，成为农业景观的镶嵌体。从表面来看，这种景观空间结构是农作物种植上的差异，实际上是受农业自然资源的适宜性，特别是土地利用的适宜性、农业气候的适宜性等自然生态条件的制约。

今天，农业的可持续发展已经成为科学界和工程界共同关注的研究内容。从农业可持续发展研究的内容和关注的焦点来看，农业景观规划与农业的可持续发展在目标和技术上是一致的。农业景观规划具有目标的多重性，兼顾农业资源的合理利用，农业资源的保护与可持续发展，农业生产的合理规模与合理布局，农业经济效益、生态效益和社会效益的统一；同时，还兼顾农业景观与环境景观的协调统一与美学价值的提高。

农业景观规划的目标是在农业生产与景观环境保护之间建立高度协调的可持续农业发展模式，并体现在农业生产的各个环节，充分体现农业景观的生态性、生产性、效率性、美学价值和作为宏观背景的景观特性。农业生产不仅要能够改善生态环境条件，创造生态平衡，而且要能够保护生态类型的多样性和生物多样性，为人们提供广阔的游憩休闲空间，改善乡村人居环境。

农业景观规划的原则是坚持农业景观组分的相容性、农业景观规模的适宜性、农业景观的多样性、农业景观空间结构的效率性以及农业景观的生态效益、经济效益和社会效益的统一性。

农业景观规划主要包括农业景观功能区规划、农业土地利用规划、农业生产布局规划、农作物种植与农业种植结构规划、农田空间结构与田间林网规划、农业生产模式、农业组织模式等景观规划内容。除农业生产景观规划之外，还要关注乡村游憩景观规划和乡村野生地域与自然保护区规划。在农业景观规划中，农业技术是一个时期决定农业生产模式和农业组织模式的重要因素。农业土地利用规模、生产的资本化程度、农业的分散经营和集中经营等都直接影响农业景观规划。

（二）农场景观规划

在农业景观规划中，基本的独立规划单元是农场，它是由农田、草地、林地、园地、养殖等景观类型构成的有一定土地利用规模的农业景观综合体。由于所处的景观环境不同，农场的类型与规模也不尽相同，如内蒙古的草原牧场、新疆的山地牧场、林区的林场、平原地区种植业农场、农林牧渔相结合的农场景观、南方大规模的水产养殖场等。农场是有组织、有规模地进行农业生产的农业组织形式。随着我国农业剩余劳动力的转移，农业土地向农业劳动能手集中，其中农户的合作经营联盟以及农业土地使用权的租赁或买断经营成为农场经营的重要方式。

现代农场景观规划主要是关注农场的经营规模、农场形态、功能、农业结构、农田布局和农业技术应用等。农场的经营规模符合农场本身土地利用的规模经济特征，是农场形式存在的本质原因；农场的形态则关系到农场景观的空间布局与土地资源的合理配置。农场功能通常具有多元化和综合功能特征，如具有农作物种植、家畜或水产养殖、经济作物、蔬菜种植、果园、育苗、花圃，还有农场开展的观光、休闲、度假服务。部分农场功能比较专一，如平原区粮食基地多为粮食种植农场，主要生产粮食和种子粮。有的农场在进行农业生产的同时，依托丰富的农业景观资源开展农业旅游，成为重要的乡村游憩地。农场的农业结构涉及种植业与经济作物的种植结构、园地种植面积比例以及其他农业生产在农场经营中的比例，是农场景观的一个重要特征。农场的农田布局是对农业景观空间斑块结构和廊道空间的规划布局。农田斑块的大小、形状和数量以及不同农田景观斑块之间的交错格局是农田景观布局的核心。农田斑块的大小决定了斑块间沟、埂的数量与面积，决定农业耕作的便捷程度、农业灌溉的有效率、农田排水的有效性、对土地的浪费与节约程度等。不同农田景观的交错格局在增加农田景观类型的同时，有效防止农田病虫害的发生。农场的农业技术应用决定农场经营的现代化程度，如农场的农业机械化程度、农场的灌溉水平、设施农业发展程度、工厂化农业的发展水平以及诸如无土栽培高新技术农业等形式。现代化程度愈高的农场，农业景观与传统农场景观的差异就愈大。对农场景观合理、科学规划是从最小农业景观综合体对农业景观实施景观规划的有效途径。

在苏联，农业景观规划是在对农场进行自然一经济景观区划的基础上完成的，积极倡导对农场和集体农庄进行景观规划。先进行农庄土地的适耕性调查评价，将土地划分为一级适耕性、二级适耕性和三级适耕性。在调查的基础上，将具有特殊自然景观的土地类型进行划分和标注，如河漫滩的沼泽化地段和非沼泽化地段、沟槽和沟坡、荒芜的果园、耕地和灌丛等等。再在此基础上，对每一种土地利用模式和土地利用方式进行规划，如大田轮作、饲料轮作、牧场轮作、河漫滩上的草地一蔬菜轮作、牧场、果园、现有的林地、规划建造的林地、林带以及在不同土地上耕作的方向等进行科学合理的景观规划。农场土地在景观保护的基础上，使每一个地段的土地得到合理而充分的利用。

休闲农场是近年来兴起的一种新型乡村农场景观类型，是在农业生产经营的基础上，充分利用农场的自然景观环境、生态条件、乡村田园生活和农业生产的特色，开展以乡村景观观赏、生活体验以及农业生产教育等为主题的乡村游憩休闲活动。由于乡村游憩休闲产业的发展为乡村带来了丰厚的回报，休闲农场逐步赢得了自己的市场份额，并成为重要的乡村游憩场所。休闲农场主要考虑农场硬质景观要素和软质景观要素的规划设计，其中硬质景观要素主要包括农场门区管理、服务中心、住宿设施、展售中心、停车厂、卫生设施、人行道、标示解说设施、植物造景、植物栽培、童玩设施、动物体验场、野外健身训练设施、凉亭、眺望台、警戒设施、救生设施设备、污水处理场、废弃物处理设施、不同等级的道路设施等。软质景观要素包括休闲农场的组织机构、营销策略、管理模式和措施、教育宣传、形象解说和形象标示等。休闲农场景观总体设计应强调农牧业为经营大纲，突出休闲景观特色性。

二、观光农业与观光农园景观规划设计

观光农业是20世纪70年代以来发展的新型产业，是农业发展的新途径，也是旅游业发展的新领域。观光农业的发展与国民经济发展、生活水平提高以及生活方式改变有密切关系。特别是在城市化迅速发展的今天，城市高楼林立，街道狭窄，绿地减少，环境污染，人口增加，生活节奏紧张，生活空间日趋缩小，假日里有限的城市公园和风景区人满为患，已经不能满足人们对休闲和旅游的心理要求，迫切需要到郊外农村寻求新的旅游空间，欣赏田园风光、享受乡村情趣，实现回归大自然、陶冶情操、休闲健身的愿望。农村天地广阔，空气新鲜，自然环境优美，山村野趣浓厚，绿色食品多样，农事活动新奇，乡土文化丰富，对城市居民来说，是一种别具情趣的享受，具有极大的吸引力。发展观光农业可为城市人扩大观光旅游领域，学习和丰富农业知识，体验农民生活，促进城乡文化交

流创造条件。为适应旅游业发展的客观要求和充分开发利用农业资源，加快观光农业的发展具有重要的现实意义。这主要表现在：可以充分有效地开发利用农业资源，调整和优化农业结构；扩大农产品销售市场和带动相关产业的发展，扩大劳动就业；保护和改善农业生态环境，塑造良好的乡村风貌，提高人的生活质量和环境质量；让游客了解农业生产活动，体验农家生活气息，享受农业成果，普及农业基本知识；开拓旅游空间和领域，使游客走进“农业”这一大世界，以减轻和缓解城市过分拥挤的现象。

（一）观光农业的概念、特征与类型

观光农业（或称休闲农业或旅游农业）是以农业活动为基础，农业和旅游业相结合的一种新型的交叉型产业；是以农业生产为依托，与现代旅游业相结合的一种高效农业。观光农业的基本属性是以充分开发具有观光、旅游价值的农业资源和农业产品为前提，把农业生产、科技应用、艺术加工和游客参加农事活动等融为一体，供游客领略在其他风景名胜地欣赏不到的大自然浓厚意趣和现代化的新兴农业艺术的一种农业旅游活动。它是一种新型的“农业+旅游业”性质的农业生产经营形态，既可发展农业生产、维护生态环境、扩大乡村游乐功能，又可达到提高农业效益与繁荣农村经济的目的。观光农业具有农业和旅游业的双重属性，特征有：①观赏性：是指具有观光功能的农作物、林草、花木和饲养动物等。通过观光活动，游人可以获得绿色植物形、色、味等浓厚的大自然的意趣和丰富的观赏性。②娱乐性：指依赖某些作物或养殖动物区修建娱乐宫、游乐中心、表演场，供欣赏和取乐。③参与性：让游人参与农业生产活动，在农业生产实践中学习农业生产技术，体验农业生产的乐趣。④文化性：观光农业所涉及的动植物均具有丰富的历史、经济、科学、精神、民俗、文学等文化内涵，利用文化知识，设计多种多样的观光农业游览项目，增加农业文化知识。⑤市场性：观光农业主要是为那些不了解、不熟悉农业和农村的城市人服务的，观光农业的目标市场在城市，经营者必须有针对性地、按季节特点开设观光旅游项目，扩大游客来源。

观光农业的类型有：①观光种植业：指具有观光功能的现代化种植。利用现代农业技术，开发具有较高观赏价值的作物品种园地，或利用现代化农业栽培手段，向游客展示农业最新成果。如引进优质蔬菜、绿色食品、高产瓜果、观赏花卉，组建多姿多趣的农业观光园、自摘水果园、农俗园、农果品尝中心等。②观光林业：指具有观光功能的人工林场、天然林地、林果园、绿色造型公园等。开发利用人工森林与自然森林所具有的多种旅游功能和观光价值，为游客观光、野营、探险、避暑、科学考察、森林浴等提供空间场所。③观光牧业：指具有观光性的牧场、养殖场、狩猎场、森林动物园等，为游人提供观光和参与牧业生活的风趣和乐趣，如奶牛观光、草原放牧、马场比赛、猎场狩猎等各项活动。④观光渔业：指利用滩涂、湖面、水库、池塘等水体，开展具有观光、参与功能的旅游项目，如参观捕鱼、驾驶渔船、水中垂钓、品尝水鲜、参与捕捞活动等，还可以让游人学习养殖技术。⑤观光副业：包括与农业相关的具有地方特色的工艺品及其加工制作过程，如利用竹子、麦秸、玉米叶等编造的多种美术工艺品，南方利用椰子壳制作的兼有实用和纪念用途的茶具，云南利用棕榈叶编织的小人、脸谱及玩具等，可以让游人观看艺人的精湛技艺或组织游人自己参加编织活动。⑥观光生态农业：建立农林牧渔土地综合利用的生态模式，强化生产过程的生态性、趣味性、艺术性，生产绿色保洁食品，提供观赏环境场所，形成林果粮间作、农林牧结合、桑基鱼塘等农业生态景观。

（二）我国观光农业的性质与发展

1. 观光农业发展的性质与理论基础

观光农业是农业和旅游业相结合的新兴产业，产业交叉性明显，具有观光旅游、农业高效和绿化、美化和改善环境功能，还具有自然、人文和市场的一体化特征。观光农业由农业延伸而来，具有明显的地域性。观光农业不是遍地开花，而是在具有观光农业条件、区位和接近旅游市场的地区才能获得发展，并有条件的限制性和地区的选择性。发展观光农业必须因地制宜、合理布局。

观光农业是以农业为基础发展起来的，农业景观学是观光农业发展的理论基础。最早的"景观"含义是地方风景或景色。在 19 世纪早期，"景观"的地理含义为一个地理区域的总体特征，包括自然景观和文化景观。农业景观具有自然景观和文化景观的双重特征。它是在一定农业自然资源和环境条件下，通过采取一系列的生物和技术措施，进行农业生产活动，从而形成具有区域特色的农业综合体。农业景观学是农业科学和地理科学交叉的学科，是研究农业与其特定地点景观一环境条件之间相互关系的科学。农业景观学着重研究景观的结构、功能和变化。发展观光农业要以农业景观学的理论为指导，重视农业景观建设、改善和塑造，发挥农业景观的旅游功能，提高农业的综合效益。

2. 我国观光农业发展历程

19 世纪 30 年代欧洲已有了农业旅游。意大利在 1865 年就成立了"农业与旅游全国协会"，专门介绍城市居民到农村去体味农业野趣，与农民同吃、同住、同劳作，或者在农民土地上搭起帐篷野营，或者在农民家中住宿。旅游者骑马、钓鱼、参与农活，借此暂时离开繁华、喧闹、紧张的城市，在安静、清新的环境中生活一段时间，食用新鲜的粮食、蔬菜、水果，购买新鲜的农副产品。这时还没有"观光农业"概念，仅是从属于旅游业的一个观光项目。然而，农业旅游的发展客观上增加了农民的收入，促进了农村经济发展和城乡文化交流；也吸引了农场主和旅游开发者的视线，使他们认识到：如果把农业和旅游业结合起来，发展观光农业，开展农业旅游活动，必然会产生巨大的综合效益。20 世纪中后期。旅游不再是对大田景色的观看，代之以具有观光职能的观光农园，农园内的活动以观光为主，结合购、食、游、住等多种方式进行经营，并相应地产生了专职从业人员，这标志着观光农业不仅从农业和旅游业中独立出来，而且找到了旅游业与农业共同发展、相互结合的交汇点，标志着新型交叉产业的产生。80 年代以来，随着旅游度假需求的增大，观光农业园由单纯观光的功能向度假操作等功能扩展。目前少数发达国家又出现观光农园经营的高级形式，即农场主将农园分片租给个人家庭或小团体，假日里让他们享用。

我国是个古老的农业国，悠久的农业历史孕育了丰富的农耕文化，地区景观差异大，农业资源异常丰富，农业景观新奇多样，这些都是促进观光农业发展的内因。近年来，我国经济发展，正在全面建设小康社会，居民收入增加，生活水平显著提高，尤其是城市居民生活消费不再仅仅满足于衣食住行，而转向多样化、高层次的文化娱乐，回归大自然、向往田园之乐的愿望强烈。因此，广阔的客源市场和旅游需求为观光农业的发展提供了强有力的外因。

农业、旅游业的发展，农村条件的日益改善，为观光农业的发展提供了可能。世界各国观光农业发展的成功经验也促进了我国观光农业的迅速发展。在20世纪80年代后期，改革开放较早的深圳首先开办了荔枝节，主要目的是为了招商引资，随后又开办了采摘园，取得了较好的效益。于是，各地纷纷仿效，开办了各具特色的观光农业项目。

我国观光农业发展的特点是：①观光农业以观光、休闲功能为主，包括观赏、品尝、购物、农作、文化娱乐、农业技艺学习、森林浴、乡土文化欣赏等。目前，由于农业观光区服务设施不完善，度假型和租赁型的观光农业项目自然偏少，观光农业仍处在起步一发展的阶段。②观光农业与旅游业相结合，形成具有“农游合一”的特点。观光农业区往往靠近旅游景区或景点，观光农业的项目是旅游业项目的组成部分，旅游者通过观光农业可以获得丰富的农作体验和田园风光的享受。③观光农业多分布在经济发达省区、大城市郊区和特色农业地区。旅游需求的增强，为观光农业提供了广阔的客源市场。

3. 观光农业发展的布局原则

根据观光农业的发展特征，观光农业的布局应遵循以下原则：①因地制宜的原则。农业生产具有强烈的地域性和季节性，发展观光农业必须根据各地区的农业资源、农业生产条件和季节特点，充分考虑其区位条件和交通条件，因地、因时制宜，突出区域特色。②尽可能与旅游业相结合。充分利用原有的旅游景区和景点，扩大和增加观光农业项目，通过相互带动作用，发展农游合一的新型产业。③要充分考虑客源市场。发展观光农业首先安排在大城市郊区和经济发达的地区。这里的人们对观光农业的要求强烈，经济条件较好，交通比较便利，发展观光农业的条件比较优越。④必须搞好基础设施建设。搞好交通、水电、饮食、住宿等基础设施，设计专门的旅店、餐厅、农宿以及娱乐场和度假村，开发具有特色的农副产品及旅游产品，以供游客观光、游览、品尝、购物、参与农作、休闲、度假等多项活动。⑤要与农村建设规划相结合。搞好农村居民点和道路规划，合理开发和整理土地，改善农村环境，在保留民俗农舍的同时，兴建体现观光农业特色的农村新民舍，以供游客观光旅游。

4. 我国观光农业发展前景与展望

我国具有发展观光农业的自然景观和农业景观，比如既有南方的水乡农业景观，又有北方平原的旱作农业景观；既有沿海发达地区及大城市郊区的农业景观，又有西北干旱区的绿洲农业和草原牧业景观；同时，还有反映我国农村特色的农耕文化、民俗风情、田园生活、乡村风貌、农果品尝、文化娱乐等人为景观。它们为发展观光旅游业提供了优越条件。随着城乡经济的发展和人民生活水平的提高，对改善农村环境、提高生活质量、发展观光旅游的需求日益增强，这就为发展观光旅游业提供了较好的客源市场。可见，我国发展观光农业的潜力很大，前景广阔。

三、都市郊区游憩景观规划设计

从世界旅游业和乡村景观的发展来看，都市郊区或乡村游憩地的发展由来已久。从西方发达国家的发展来看，以国家森林公园（National Foresty Park）、私人领地、农庄等为代表的游憩地最早发展起来。伴随工业经济的发展，城市化成为推动景观变化的主导力量，工业化和城市化成为经济的主导，城市生活成为主要的生活方式，城市居民开始进一步追求生活的休闲，导致了城市郊区、乡村地域游憩地的发展。20世纪70年代，乡村游憩地的发展已经成为城市郊区和乡村的一个重要景观。那么，我国城市郊区和乡村游憩地发展滞后的根本原因是什么呢？原因之一是受传统文化和传统观念的制约。在传统文化中，游憩地只是帝王和豪族生活的内容，在形式上表现为皇家园林或私家园林，并较多地表现为以私家花园为主要形式的园林，以人造景观和对自然景观的模仿为基调，以楼、台、亭、榭、石、花、草、树、虫、鸟、廊、屋、宇等为景观要素，以盆景为基本景观单元形成园林景观，而园林的建设只是对豪宅花园的建设，很少将园林的建设与周围的景观特征结合起来，形成整体的景观意象。古典园林既是我国古文化的精华，同时又揭示出我国游憩地建设中的独有倾向。原因之二是中国人口众多，人口压力大，乡村长期以来以粮食生产为主，乡村景观单一、功能单一，大田景观成为主导景观类型，制约了乡村游憩地的建设和发展。

（一）理论模式一：罗多曼模式

罗多曼模式是在对大都市郊区土地利用景观（自然公园，Natural Park）研究的基础上提出的郊区游憩地配置的理想模式。在苏联学者库尼岑的研究结果（1969）中将自然公园列入自然—技术综合体，同时指出了其特征的特殊性和复杂性。苏联在 20 世纪 60 ~ 70 年代旅游活动的自发发展使景观遭到破坏。同时，由于居民物质福利增长、休闲时间增多、交通运输改善和城市生活环境恶化，苏联逐步将自然公园等郊区游憩地引入合理利用自然的范围。都市公园和在城市近郊建立起来的绿色地带式的小公园可供人们游憩。距离城市愈远，建立的自然公园和游憩地可供人们滞留的时间愈长。在这些城市郊区游憩地建设和管理的过程中，出现了依据游憩者行为特征进行游憩地功能区的深层次开发；同时，景区功能划分明确，经营管理严格，严格规定了不同功能区游憩者的行为特征和游憩者进入自然公园所能够携带的物品和进入方式，以确保自然公园景观的完整性、原始性和生态性。苏联景观学家罗多曼在对地域景观研究的基础上提出了自然公园配置的“极化生物圈”理论模式。该模式具有以下几个特点：①以平原区自然公园和康乐公园（Recreational Park）配置为典型研究。②以平原区城市均衡发展为假定（包括城市均衡分布和均衡扩张）。③城市之间的联系有同样的交通方式和交通能量。④两个城市之间有一条可以影响景观配置的交通线。⑤市之间存在广阔的粗放农业生产地域，该地区人口较为稀疏，乡村景观保持完好，游憩地域空间宽阔，土地利用调整余地较大，是城市空间的耦合地带。⑥在地域利用上将景观划分为城市历史与建筑保护区、社会服务与交通道路、永久性住宅和工业、高度和中度集约的农业、天然牧场、森林工业和康乐公园、自然保护区和旅游基地与旅游道路，在城市之间汇合为一个连续的网络。

（二）理论模式二：Clawson&137J. knetsch 模式

鉴于城市空间和田园地域土地资源利用的日益复杂，根据地域利用特点，20 世纪 60 年代中期 Clawson&J. knetsch 提出了空间利用指向地域、中间地域和资源指向地域（Resource-Based Areas）3 种利用类型，也就是形成大都市郊区游憩地配置的 3 个圈层模式。空间利用指向地域指在大都市人口集中分布的地区空间资源十分紧缺，土地资源价格昂贵，但为了满足都市居民不出居住地对休闲地的短期需求，充分利用城市空间资源，修建休闲、康乐空间，主要在都市区修建都市公园和运动场。中间地域是距离都市较近的乡村游憩地，土地利用的集约化程度下降，游憩地的规模扩大，旅游、休闲、康乐空间得到扩展，通常来说交通条件较好，可达性好，可满足城市居民对游憩地的客观需求和消费，游憩地的服务设施配备较好，是都市游憩者光顾频率最高的首选地区。主要游憩地类型有康乐公园（Recreational Park）、田园公园（Country Park）、农村博物馆（Rural Museum）和主题公园（Theme Park）。资源指向地（Resource-based Areas）是距离都市较远的地区，是都市的远郊区，是土地利用集约化程度最低的地区，以粗放农业和林业生产为主，乡村景观完整性和地方性保持较好。从远郊区景观来看，自然景观、乡村聚落景观、田园生活景观、农业生产景观、民俗景观共同形成了以“闲、静、雅、稚、乐、宜、纯、厚”的整体景观特征。

城市远郊区游憩地的建设通常占用的土地面积较大，游憩地服务具有一定的休闲、度假的行为特征，游憩空间大，游憩者较为分散，但是对游憩者的行动路线具有严格的规定，有的还采用路线申报与档案管理，以保证游憩者的安全。远郊区资源指向地的游憩区类型主要有国家森林公园（National Forestry Park）、国家公园（National Park）、城市野营公园（Camping Park）、狩猎场（Hunting Camps）野生地域（Wilderness Areas）和特殊保护地（Special Protection Region）。

四、田园公园景观规划设计

（一）田园公园的类型

从现今乡村旅游发展和乡村游憩地建设来看，田园公园主要有两大类：一类是在城市主题公园建设中突出乡村景观特征的功能园区，重要特征是乡村农舍景观、农业耕作景观和山地果林景观。这一类田园景观特征只是对田园景观的简单模仿，实质是都市主题公园的景观补充，是都市公园建设中一个狭小的模拟游憩空间，严格地说并非实际意义上的田园公园。

1. 以自然景观为依托的田园公园

自然景观（Landscape）是乡村区别于城市人文景观（Urban Humanscape）的重要特征，也是乡村未来经济发展的宝贵资源。乡村游憩地的建设是乡村旅游业发展的重要途径，也是生态旅游和乡村生态发展的重要途径。田园公园是对乡村自然景观资源的生态化开发利用，促进自然景观向经济景观、特别是休闲景观（Leisurescape）和娱乐景观（Recreationscape）转化，是乡村地域经济多功能化的重要表现。以自然景观为依托的田园公园必须具有丰富多样的景观类型，宜选择地形变化大、地貌组合形态突出、野生动植物保护好、立地条件差异大、水景多变且水资源丰富的山地坡地地区。

2. 以民风民情（Folkways）为依托的田园公园

民风民情主要包括原居民和非原居民文化两种特征。原居民文化是乡村最为古老的文化类型，由于受到人口的流动和混居的影响，原居民文化多被其他文化所融合，形成后来占主导地位的混居文化特征，以民风民情为依托的田园公园主要包括这两种类型。这种田园公园的建设多围绕历史文化题材，以古老的生活习性为表现，建设开放性的民族村、民俗村，进一步发展为旅游村（Tourism Village）。

3. 以乡村风貌（Style and Feature）建设为依托的田园公园

现代乡村社会的建设以市政公共设施的社会化来取代小家庭自备化，以社区功能化来取代家庭集中化。通过新村规划，全面改善道路房屋建设以及生活垃圾处理和人畜共处的不卫生状况，改善农村居住环境。传统单一的农村社区服务已跟不上农村社区发展的步伐，集文化、教育、休闲、娱乐等于一体的现代物质文明和现代化精神文明综合社区服务成为现代化农村社区的重要功能，为乡村社区提供便捷完备的服务功能。现代乡村社区是现代文明和现代都市文明传播的承接地，是乡村产业经济活动的中心。现代农村社区通过新村建设规划，统一规划和建设工业小区、养殖小区、商贸中心区、居住区以及设施农业区等功能分区，经过合理的小区功能布局，使经济活动与农村社区建设相协调，使小区成为农村经济活动的中心。现代乡村社区是乡村区域景观与形象的标志。以富裕、文明和现代乡村风貌塑造为依托的田园公园是乡村自我发展的基地，是城市了解乡村的重要游憩地。

4. 以现代化高技术农村经济为依托的田园公园

现代化高技术农业是新世纪替代我国传统农业和农村经济发展的重要途径。以生态农业、设施农业、资本农业、无害化农业、无土栽培农业和农产品工厂化生产为标志的现代农业成为乡村经济发展的主流。以高科技农业园区为中心，以现代农事活动为游憩内容，让城市居民学习了解现代农业，是该类田园公园的主要特征。

5. 以观光农园（Agritourism Garden）为中心的田园公园

观光农园是以观光农业的发展为中心，将农业和旅游业相结合的一项交叉性产业，也是充分利用农业资源、改变单一农业结构、发展高效农业的一条重要途径。它为人们观光旅游、休闲健身、欣赏田园风光、享受农家乐趣等提供了新的空间场所。目前观光农业按其功能可分为观光、品尝、购物、务农、娱乐、休闲、疗养、度假等多种类型。观光农业多集中在大城市郊区、沿海经济发达地区、旅游地区、少数民族地区以及特色农业区，具有强烈的地域性和季节性，强调因地、因时制宜，考虑资源、区位、市场等条件，尽量与旅游业相结合、与农村建设相结合。农业景观学和生态景观学是观光农业发展的理论基础。所以，要创建、改善和塑造具有吸引力的农业自然景观和农业人文景观。

（二）田园公园的景观意象

1. 田园公园的整体景观意象

田园公园的整体景观意象是突出乡村田园所具有的自然景观、经济景观、居民地景观和文化景观等具有可识别、可理解和可整合的景观特征以及在游憩者群体中所反映出的共同特征，主要有田园公园的主题性和特色性、田园公园的卖点确定、田园公园的消费效用等特征。虽然因各种景观构成的差异，形成了不同景观组合的田园公园，也构成了不同类型的田园公园，但其整体的景观意象具有乡村田园景观的共同特征，主要表现在：①景观的自然特征。在田园公园的建设中，要充分突出田园风光，体现大自然的魅力。②景观空间的广阔性。垂直尺度景观变化与水平景观伸展具有空间意象上的连绵特征。③景观廊、基、斑等特征多为自然景观综合体的景观构成，在自然景观的基础上建设了部分农业景观。④形成景观综合体的景观要素多具有生产性、观赏性、休闲性、康乐性等功能，是乡村产业多功能化的中心表现。⑤景观中的活动主体是以农事活动为中心。⑥田园公园表现出“娴静、清新、返朴、淳厚、空旷”等和天人一体的景观意象。

2. 园公园的主题与特色

田园公园是乡村旅游业发展和游憩地建设过程中的一种主题园。主题特征是田园公园建设成败的关键。田园公园的主题主要凝结在田园公园的景观意象和游憩产品特征与组合。由于田园公园建设的宗旨在于开拓乡村景观空间，为都市居民提供游憩产品，因此田园公园必须是以乡村景观为核心形成的自然—生产—休闲—康乐的景观综合体，都是自然—技术综合体的体现，是对乡村景观资源的深层次开发利用，在景观意象和景观构成上具有一定的相似性。但是，由于不同类型的田园公园在景观构成上存在较大的差异，这就确定了田园公园丰富的主题性和特色性。值得强调的是：由于田园公园存在一定的相似性，决定了田园公园具有较强的替代性。它不仅要求田园公园的建设必须主题明确、特色鲜明，而且要求田园公园的建设必须具有统一的发展规划，宜建设标准高、规模大的田园公园，在总量控制的前提下，切忌小规模、低水平的重复建设。主题性和特色性是田园公园景观特征与生产特征的有机结合。田园公园的不同类型是主题性与特色性的反映。田园公园突出的是生产特征，游憩者在各种参与性生产活动的过程中实现消费目的。

3. 田园公园的卖点

卖点是田园公园产品切入市场、在短期和长期能够刺激并获得需求认可和消费者积极购买的特色。卖点可以是田园公园游憩产品的价格，也可以是产品的特色或乡村田园中某一种独特的魅力，如娴静的大自然和清新的空气等，它是田园公园景观意象的延伸，也是田园公园整体景观意象的重要组成。因此，在田园公园设计和建设中，必须将整体景观意象落实到建设的每一个环节，确定田园公园的主题性、特色性和田园公园的市场卖点。

（三）田园公园的功能与项目组

田园公园的功能建设与项目组合是在整体景观意象的控制下对田园公园的具体设计和建设，是需要在设计和建设图纸上表现的内容，是对田园公园控制范围内的土地利用的具体方式和具体内容的确定，是田园公园设计与建设的主要任务。

田园公园是一种参与性游憩公园，不同于游览型景区、观赏型公园以及其他类型游憩地的功能区设计与建设。同时，不同类型的田园公园因受景观特征的影响，功能区也有所不同。考虑到田园公园建设的特殊性和服务都市居民的特殊需求，田园公园的功能区通常应包括中心服务区、乡村景观观赏区、农事活动体验区、乡村生活体验区、绿色农产品品尝区、休闲度假区、公共活动区、主题园区、康体活动区等功能区。田园公园的产品组合则是对田园功能区建设的落实，功能区的项目要求能够充分体现田园公园的设计功能，同时要求项目组合实现功能上的互补。因此，功能与项目组合是田园公园设计一体化过程。我国台湾是亚洲和太平洋地区乡村旅游与田园公园发展起步较早、发展水平较高的地区，具有一定的代表性。其中尤以观光农业的发展最为成熟，形成了观光农业建设、法规管理、市场经营和培训等全方位的发展体系。

第七章　生态乡村景观的规划

第一节　生态乡村的景观

一、乡村景观与景观分类

（一）乡村景观

乡村景观既不同于城市景观也不同于自然景观，其空间构成是在原有的地貌、气候等自然属性的基础上注入人类文化特征后形成的，既是生态系统能量流、物质流的载体，又是社会精神文化系统的信息源。它是融自然、社会、传统文化于一体，具有特定景观行为、形态和内涵的自然社会综合体。原始乡村景观通常伴随着聚集地而产生，以房屋附近及周围的瓜果苗圃为元素，形成原始景观的雏形，而后随着人类的活动变化，划分出城市景观与乡村景观。

农耕文化往往意味着乡村景观的产生。我国的农耕文化能够追溯到新石器时代，乡村景观有着上千年的演变过程，但国内理论界对乡村景观的认识与研究却始于20世纪80年代，相比发达国家的研究起步较晚。这时候的乡村景观研究大多是以借鉴他国先进乡村景观理念与经验作为研究基础，并不断完善我国的乡村景观研究体系。然而，乡村景观的概念却没有形成一个较为明确的学术界定。

在《论景观概念及其研究的发展》中提到乡村景观是具有特定景观行为、形态和内涵的景观类型，是聚落形态由分散的农舍到能够提供生产和生活服务功能的集镇所代表的地区，是土地利用粗放、人口密度较小、具有明显田园特征的地区。

在《乡村景观规划》中总结了不同学科对乡村景观概念的界定，认为乡村景观的概念界定因研究视角的不同而出现不同含义。从地域范围来看，乡村景观是除城市以外具有人类聚居活动的相关景观空间；从景观构成来看，它是由聚居景观、经济景观、文化景观和自然景观相结合的环境综合体；从景观特征来看，乡村景观是人文景观与自然景观的复合体，人类的干扰程度较低，自然景观所占比例较大。乡村景观区别于其他景观最大的特征在于是否是以农业为主的粗放型生产景观，以及是否拥有特定的田园文化。

综合来看，乡村景观是区别于城市景观和自然景观的人为景观，是自然景观与人文景观的综合体，具有相当高的经济、文化、社会、美学等多元价值，是一种可以开发利用的综合资源。而这种资源的景观格局会随着人类活动与社会经济水平发展呈现动态变化且随着时间一直演变下去。正如G. 阿尔伯斯的《城市规划理论与实践概论》中提到乡村景观是上千年演化的自然过程，是由人类的开垦、种植、聚居最终刻上斧凿的印迹。

（二）乡村景观的分类

从上述乡村景观的不同定义来看，乡村景观是一个自然景观与人文景观的综合体，是以不同土地类型构成的景观空间。通常情况下可将乡村景观分为自然景观与人文景观。自然景观是指在乡村景观演变过程中暂时还未受到人类活动的干扰所形成的林地、草地、沼泽等景观；人文景观是指受到人类活动的影响而形成的人工景观，例如：园地、水域、聚落等。

综合来看，对乡村景观分类基本还是以自然景观与人文景观为基础，再基于景观的物质形态进行分类研究，但不能忽视乡村非物质景观也是作为乡村文化景观的一部分。从这个角度出发，可将乡村景观分为自然景观、聚落景观、人工环境景观、非物质文化景观。

1. 自然景观

乡村自然景观是指在人类活动的过程中，基本保持自然形态，其内部景观结构没有或较少受到人类活动的干扰，拥有较为完善的景观生态系统，除了森林、林地、草地等景观斑块，还包括地形地貌、气候、大气、生物等。这样的自然景观是构成乡村景观的基本肌理，不同地域呈现不同的景观肌理。

2. 聚落景观

聚落景观是基于居民聚集区而形成的独特景观，是随着地形地貌和气候等条件而呈现特定的聚落特征，其中包括村落布局、建筑风格、交通景观等。这种聚落景观是人类在长久的开垦、迁移等活动中自然发展形成的景观格局，具有地域性、统一性、稳定性、典型性等特点。聚落景观反映出地域文化基因，展现乡村是一个结构有序且个性鲜明的地域综合体。

3. 人工环境景观

人工环境景观包括半自然景观和生产性景观，其中半自然景观主要包括生态廊道、人工防护林、人工水渠网等维护区域生态稳定性的景观类型；生产性景观是以农、林、牧、副、渔等生产性活动为主的景观类型，主要包括园地、耕地、牧场、池塘等。人工环境景观与人类密切相关，是人类活动改造的直接产物，是区别于自然环境的关键所在，也是受人类干扰程度最大的景观类型。

4. 非物质文化景观

乡村非物质文化景观与村民的生活密切相关，是在乡村文化演变过程中慢慢形成，具有一定地域代表性的非物质文化景观，主要包括民俗风情、传统手工艺术、服饰等。例如湖南花鼓戏、云南百家宴、新疆维吾尔木卡姆艺术、西安鼓乐等。

二、生态乡村的景观现状

党的十九大报告中提出：“要坚持农业农村优先发展，按照产业兴旺、生态宜居、乡风文明、治理有效、生活富裕的总要求，建立健全城乡融合发展体制机制和政策体系，加快推进农业农村现代化”。在国家对乡村建设的大力支持下，全国各地开始对乡村进行大力规划建设，社会经济不断发展，乡村生活状况逐步改善，人们对乡村的生态环保意识逐渐加强，生态乡村的合理规划建设变得越来越重要。

然而，这种在时代潮流下的大规模乡村建设如果缺乏足够的前期调查研究，只是盲目跟风其他成功转型的乡村建设模式，就会本末倒置，对乡村环境造成不可逆的伤害，如：很多乡村的形象工程破坏了乡村本该有的区域特色，自然景观和人文景观是千篇一律的“现代化”建设模式。总结来看，生态乡村景观存在的主要问题如下：

（一）缺乏合理规划

目前我国农村的村落形态比较分散，乡村景观的规划一定程度上受到限制。新农村建设中相对更重视农村居民住房条件的改善，对乡村景观缺乏合理统一的规划。

在乡村建设前期，由于我国土地面积广、地形地貌与气候等条件在各区域的不同导致村落在布局上呈现差异性，而现在的乡村规划一方面是在宏观角度下不能直接起到指导作用，另一方面却是局限于某个地区、某个问题，未能全面地考虑乡村的现实条件。此外，专业人员的参与显得尤为重要。乡村问题并不仅限于一个学科一个专业，而是涉及经济、社会、生态、文化等多方面的协调统一，很多地区的乡村规划往往是以片面的角度进行思考，特别是给排水、垃圾处理、工业污染的分离等规划设计上考虑不周全，造成乡村污水横流、垃圾随意倾倒、工业污染等现象，严重影响乡村环境。

产业由于缺乏科学的规划指导，往往以经济发展为首要目标，盲目发展区域产业，开发力度不足造成资源的浪费；或是开发力度过强，建设太多的配套设施，超过乡村自身的承载能力。

（二）破坏自然景观

生态乡村建设作为国家的一项重要民生工程，某些地区对这一概念并没有进行科学的解读，实施过程中更偏重于面子工程和经济效益，为了所谓的“规模”和“现代化”经常毁林填湖，乡村原有的小溪、池塘、农田、特色的自然植被、天然的地势等都不同程度地遭到破坏。具体表现如下：

1.“形式主义”过于严重化

中央对乡村出台了很多正确的方针政策，但这种政策却被随意解读和歪解，产生一些负面影响。随着乡村经济水平的提高，村民对精神需求逐渐提高，乡村建设往往出现铺张浪费的现象，以为外来品就是“洋气”，本土特色就是“俗气”。在营造过程中过于注重乡村环境的表面功夫，追求视觉上的冲击感与精神享受，刻意营造一种高雅的景观，殊不知乡村本土特色尤为珍贵。另外，为求“政绩工程”，急于求成，将村庄大拆大建，使乡村中具有乡土气息的自然或半自然的景观逐渐消失，取而代之的是生硬的现代景观建筑、大广场、硬化道路等，严重地影响到了乡村景观的生态结构。

2. 生态乡村景观格局混乱

乡村景观大致分为斑块、基质和廊道，不同地域表现出不同的景观空间结构，呈现不同的景观意象。随着国家提出农村现代化，各地乡村盲目效仿城市建设模式，兴建基础设施与活动场地，使得乡村肌理遭到破坏。例如：随处可见的柏油路和大面积的硬质广场等，这些现象是片面地追求“新”，没有考虑村庄本身的特征导致大量的自然景观遭到严重破坏。这种大规模的建设活动，侵占了大量的土地，导致乡村生态系统发生变化，景观破碎化严重，自然灾害频发。此外，农业生产中大型机械的大规模使用和化肥、农药的过度使用也导致农村物种受到严重威胁。

3. 物种多样性减少，生态栖息地破坏严重

乡村景观中，我们不能忽视其他生物在其中的重要性，大量的土地用来开发建设乡村基础设施，破坏了原本稳定的生态系统，影响了整个乡村的景观风貌和区域生态环境，使得生物生存空间越来越少。某些缺乏环保意识的居民随意丢弃垃圾，久而久之形成了垃圾场，导致土壤污染严重，河流臭气熏天；或者为求排水的便捷性直接以水泥等硬质铺装取代溪流，导致河水干枯。

(三) 乡村景观与文化脱离

我国乡村文化体系具有明显的地域性特征，广大乡村保存着丰富的人类文化遗产，这些遗产是一定区域、一定历史时期人类文明的体现。在城镇化过程中，许多乡村居民追求“新”的思想，将住宅、道路等景观元素焕然一新，失去自然的本真。多数人都认为效仿城市建设就是对乡村环境的改进，于是争先恐后地在乡村的土地上大肆建造，导致乡村景观向低层次、畸形的方向发展。很多带有一定历史意义或是承载村民过去回忆的景观都被铲平。有些村庄为了增加经济收入违章搭建，对乡村景观造成严重破坏，乡村文脉逐渐消失，大多乡村呈现“千村一面”的现象。

如今，随着人口往城市迁移，一些村落出现“空心村”现象，农耕文化得不到传承，许多传统文化都面临消失的危险。对现有的古井、古树、古街道、古建筑等具有浓厚底蕴的文化景观开发利用时，存在保护不善和开发过度的问题。

农村现代化需要发展，但不能忽视对乡村景观的保护。乡村规划不仅是以提高经济水平为单一目标，而是要能够平衡经济、环境、人文等之间的矛盾问题，形成可持续发展的生态乡村多元化发展模式。通过生态乡村规划能够保护当地资源，营造更加宜人的景观环境，注重人与自然的和谐共处，避免造成乡村景观人文关怀的严重缺失。

第二节　生态景观的过程

从系统论的角度看，景观是一个开放系统，在不断与外界进行物质与能量交换的过程中，系统内发生的物理过程、化学过程和生物过程使景观在一定的时空尺度内保持相对的稳定性，也萌生着永恒的变化。了解景观生态过程及其产生机理，就为探求景观的稳定与变化找到了一把钥匙。

一、能量转化过程

(一) 景观的能量基础

景观中的一切过程都必须以能量为动力，景观的能量来源从宏观上看，除太阳能外，还有地球内能、潮汐能。太阳能是景观中一切过程的能量源泉，也是景观地带性分异的动因；地球内能使地表有了海洋和陆地、高山和低地等非地带性的景观差异；潮汐能则是地球、太阳和月球之间的引潮力，产生潮涨潮落的局部变化，是景观局地分异的动因之一。

（二）能量在景观中的转化

1. 太阳能在景观中的转化

太阳辐射是景观中强度最大的直接能量，它是导致大气变化的最主要动力，也是加热大气的唯一热源。如大气纬向环流的产生使地表低、高纬度获得的太阳能不均，或净辐射不同，使大气获得的热量存在差异，产生高低纬大气气团温度差，于是出现了大气纬向运动。

地表有植被覆盖和无植被覆盖的景观对太阳能的转化途径是不同的。

2. 太阳能在景观中的作用

（1）景观协调性的能量基础

太阳能在景观中的重要意义，首先表现在它通过地表、大气、水体、生物、土壤和岩石地形复合体之间的能量交换，把景观在垂直方向上联结成“千层饼”式的能量系统。景观中各组成部分之间相互制约的基础，就是太阳能在各组成部分之间的能吸交换。当然，不同组成部分能够组成统一整体，还必须有物质循环作为另一种基础——物质基础。景观中物质循环的主要动力是太阳能。景观中全部的自然过程，如大气环流、地表环流、绿色植物生产过程、土壤形成过程及外地貌过程等，都与获得太阳能的多少有重要关系。如热带，地面获得的辐射净值高，用于增温的热量多，大气增温效果明显，气温高，终年长夏，植物全年都能正常地进行光合作用，物种丰富，生物量相对高，食物链也相对复杂。高温使景观中的热发、蒸腾作用加强，输入到大气中的水分增多，丰沛的降雨降至地表后对地表的侵蚀与雕琢作用也相对强，流水地貌发育；由于易溶元素的迁移强烈，景观中易溶元素的积累相对变少，导致不易迁移的元素在景观中相对富积。为了适应高温的气候，植物的叶面面积普遍宽大，以利于散热。为了对抗强对流的天气，植物的根系发达，多板状根、气生根。苔原带和极地展现的是另一种景观过程。由于获得的太阳辐射净位低，气温低，全年气候寒冷，冬季漫长，白昼短，蒸发量小，相对湿度大，致使高等植物无法存活，只有苔藓、地衣等低等植物可以生存，植物的根只能在地表大约 30 cm 的深度内自由伸展，30 cm 以下则是坚如磐石的永久性冻土层。苔原植被在长期演化过程中形成了能够适应极地特殊环境的生活特征：植物矮小、紧贴地面匍匐生长的常绿植物在春季可以很快地进行光合作用，不必耗时形成新叶，还能抗风、保温、减少植物蒸腾。景观特征是物种极其贫乏，食物链十分简单。

太阳能也是水平方向上景观整体性的能量基础。同 纬度获得的太阳能可能相同，但下垫面不同，反射率不同，空气增温不同，必然产生水平方向上的能量差异。全球尺度的环流、海陆风、洋流都是这种水平方向上存在的能量梯度导致的热量从暖区向冷区的运动。陆地表面小尺度的空气运动也是如此。例如，夏季收获后，炎热的农田释放的热量，传到邻近的森林和居住区，使森林变干、邻近居住区变得酷热难当。

森林和周围空阔地斑块间夜间的温度变化，在无风的夜晚，热量会从前者向后者水平流动。这种空气流动已经被人们称为没有海洋的海洋风。温暖的森林气流水平流向寒冷的空阔地，而冷的开阔的空气在垂直方向上流向更冷的空间。夜晚发生的这种气流携带气体、浮尘，泡子、种子和其他粒子实现了水平方向和垂直方向上的运动。

白天空阔地上的温度比森林高，在无风的时候，空气的运动方向与夜晚相反。在日出前和日落后景观中的水平温度剖面是最均衡的。与白天和夜晚相比，在日出和日落时局地生态系统中太阳能量呈现出一个很陡的上升区和下降区。

局部能量梯度差使景观产生沿压力差方向的空气流，风穿越不同的景观，进而使能量在景观中均匀分布。

水平流在相邻生态系统间的流动不仅引起能量的变化，亦可引起土壤温度、空气温度或 ET 的变化。土壤温度升高可使永久冻结带融化，种子提早发芽和根部生长，这种效应在生长季早期或晚期表现更明显。水平流导致的空气温度升高可使积雪融化，促进或阻碍动物活动，提高生产力或使霜冻的危害降至最小，延长生长季，进而提高生态系统对太阳能的固定。

水平流引发的燕发力提高称之为“绿洲效应”。绿洲植物在垂直方向上加速了水汽的运动，原因是白天从周围沙漠吹来的热而干的风如同一架水分抽干机，加速了水分的蒸发。湿地中也存在绿洲效应，上风向灌丛区的水平流使湿地的 ET 加大，水分损失率可提高 5%，绿洲效应在撒瓦纳草原和沙漠中尤其突出。

风驱动的水平流是区域景观间能量联系的主要动因。源景观是能量释放系统，如沙漠、草原等。汇景观是森林或湿地、泥炭等。当秋季气温转低时，湿地和湖泊就相当于能量源，当春天气温转暖时，它就变成热量汇，直接影响着下风向的土壤和蒸发。

（2）太阳能决定景观的自然生产潜力

一地的太阳总辐射的多少，实际上决定着该地单位面积上每年最多能产生多少光合产物。如果其他环境条件均适宜于绿色植物的生产，即空气中的 CO_2 供应充足，有良好的土壤肥力，适宜的气候条件（有适量的水分和适宜的温度），以及完善的田间管理，则绿色植物可以达到最高的生产力。如果选用的品种也是高光合效率的，那么这些条件下的绿色植物的最大生产力，就只与太阳总辐射的多少有关。

纬度高的地区，存在日平均气温低于 10 ℃的季节，绿色植物不能活跃生长，太阳总辐射不能被植物用来进行光合作用。此时的气温便成为关键的限制因素。若想将理想的生产力转化为现实的生产力，就必须将高于或等于 10 ℃期间的太阳总辐射能尽可能地固定于绿色植物中，没有其他限制因子，仅由光热资源决定的绿色植物的生物量称为光一温自然生产潜力。

（3）太阳能产生不同的景观地带

苏联学者 M. H. 布德科根据 A. A. 格里高里耶夫的意见，认为辐射平衡与降水的比例关系，对于景观中的主要自然地理过程的发生和强度具有确定意义。

景观地带周期律在景观表层出现，主要由太阳能在地表分布决定。掌握这一规律，只要知道某地的辐射净值，就可以确定其属于哪一热量带；知道其辐射干燥指数，便可知其所在地的景观类型。

2. 地球内能与地貌格局

地球内部的聚变反应主要发生在地幔对流层以下。起主导作用的是岩石中所含的铀、钍等放射性元素在衰变过程中产生的热能。测得的热通量与太阳能相比极其渺小。

地球内能产生的作用力主要表现为地壳运动、岩浆活动与地震。地球内能量占地表能量总收入的很小部分，却决定了地表形态的基本格局。构造运动造成地球表面的巨大起伏，因而成为地表宏观地貌特征的决定性因素。大陆与大洋两个不同的景观型就是构造运动的差异造成的。陆地上的大山系、大高原、大盆地和大平原以及海洋中的大洋中脊、洋盆、海沟、大陆架与大陆坡的形成，都具有构造运动的背景。仅以陆地而论，巨大的高原、盆地与平原多，与地块的整体升降运动有关。巨大的山脉与山系则与地壳褶皱带相联系。在中观尺度，呈上升运动的水平构造是形成桌状山、方山与丹霞地貌的前提；单斜构造是形成单面山、猪背山必不可少的基础，褶曲构造可形成背斜山与向斜谷、穹状山与坳陷盆地；断层构造可形成断层崖、断层三角面、断层谷、错断山脊、地垒山与地堑谷、断块山与断陷盆地等众多地貌类型；火山活动则可形成火山锥、火山口、熔岩高原等地貌。地壳升降运动可在短距离、小范围内形成巨大的地表高度差异，不同高度的地貌特征因而表现出垂直分异。当地壳处于活动期时，地貌营力以内力为主，地表高低起伏变化明显；当地壳处平静期时，地貌营力以外力为主，地表趋于准平原化。地壳处不同营力期，对景观的形成与发展有着决定性的影响。

地质时期的构造作用形成了地表的巨大起伏，在不同高度上其有不同的重力位能。当剥蚀作用发生时，重力位能转化为机械运动的动能，支配固体物质的移动。气团和水体（包括冰川）的运动则是凭借太阳辐射引起的大气上升提高其位能。在大气下沉、降水、径流过程和冰川移动时，位能转化为动能。重力在自然地理环境中的作用十分广泛，地形的改变、物质的搬运和堆积、气团的运动、水分循环、生物生长、乃至于地球物质的调整等，都离不开重力作用。可见，对于景观而言，重力（能）也是一个基础能量并发挥着相当重要的作用。

3. 潮汐能

引潮力是月球（或太阳）对地球的万有引力和因地球绕地月（或地日）公共质心运动所产生的惯性离心力的合力。在引潮力的作用下，景观表面发生了潮汐变形。这种周期性的变形出现在海洋叫海洋潮汐，出现在陆地叫固体潮汐。

海洋潮汐对地球自转具有阻碍作用。这实质是潮汐的摩擦效应。由于潮汐波移动方向与地球自转方向相反，海水与海底之间便产生摩擦作用阻碍着地球的自转运动。另外，这种摩擦作用加上海水内部由于其黏滞性引起的摩擦，使得潮汐高峰并不正对月球的周期，而是滞后一定时间。月球对地球向月一面的潮汐隆起部分的引力就可以产生一个与地球自转方向相反的力矩，其结果也对地球自转有刹车作用。由于潮汐摩擦效应的存在，地球极其缓慢地降低自转速率，导致一天的时间增长。

地球自转速度的变化导致了一系列过程的变化：当地球自转加快时，海水从两极涌向赤道，大陆面积扩大，使全球气候由温暖潮湿转向干燥寒冷，当自转减速时，海水从赤道向两极运动，则出现与上述相反的情况。地球自转速度变化引起海陆沧桑巨变，从而促使生物界从低级到高级的跃进。古生代以来，地球的自转速度有三个时期变化较大。第一次在早、晚古生代之间，运动后引起植物界一次重大进化，出现了鱼类和两栖类；第二次在古、中生代之间，中生代出现了巨大的爬行动物和裸子植物；第三次在中、新生代之间，新生代时，被子植物代替了裸子植物，哺乳动物开始繁衍并且出现了人类。每一次变化都恰巧对应一次剧烈的地壳运动、大规模的海陆变迁及景观的进化。若地球自转速度的变化一年超过5秒，地球上就会出现强烈地震、特大海啸和严重的天气异常现象。

海洋潮汐对生物的演化有促进作用。由于海洋具有周期性升降的潮汐运动，从而使海岸地区出现高潮时被浸没，低潮时露出的潮间带。这一潮间带，在生物的演化过程中，可成为海洋生物挣脱水域束缚的跳板。原始海生生物首先在作为过渡环境的潮间带受到历练，从而加快了海生生物向陆生生物的进化。如果没有海洋潮汐，没有因海洋潮汐出现的潮间带，海洋生物的登陆过程就可能要迟缓很多世纪。海洋潮汐具有巨大的能量。它是海岸及河口地貌发育的外营力之一。

二、物质迁移过程

景观中物质的迁移分垂直和水平两个方向，按迁移尺度分为全球、区域和局地三个层次。

（一）垂直方向上的物质迁移

1. 物质迁移的过程

（1）岩石的地质大循环过程

地表岩石的地质大循环过程主要表现为海底扩张、造山运动、大陆漂移、板块运动及三大类岩石的转化。这种大循环从其发生过程看分为幼年期、壮年期和晚年期。在地貌特征上主要表现为高原、山地、丘陵和平原的形成与转化，最后在地球内力的作用下将平原抬升为高原而进入下一轮地质大循环。

陆地表面环境不大适宜于保存在高温高压条件下形成的岩浆岩，当其暴露在低温低压条件下时，特别是大气中有丰富的自由氧、二氧化碳和水时，矿物就会随变化了的环境而发生化学变化。岩石表面受物理崩解力的作用，破碎成细小的碎屑，碎屑物在化学性质活泼的溶液中表面积增大，从而加速了岩浆岩的化学蚀变。岩浆岩的化学蚀变是产生沉积岩无机矿物的最主要来源，在矿物蚀变过程中，固体岩石变软、破碎，产生大小不同的颗粒。这些颗粒被流体介质——空气、水或冰搬运到较低的位置和可能沉积的地方。通常沉积物堆积的最佳地点是大陆边缘的浅海。但也可以是内陆海或大湖泊。堆积巨厚的沉积物可能被深深地埋藏在比较新的沉积物下面，随着压力的增大，沉积物发生物理和化学变化，变得紧实、坚硬，形成沉积岩。沉积岩有碎屑沉积岩、化学沉积岩和有机沉积岩三大类。碎屑沉积岩主要有砾岩（砾岩代表岩化的海滩或河床沉积物）、砂岩（砂粒一般是石英）、粉砂岩和页岩（页岩是沉积岩中最多的一种，大部分由黏土矿物高岭石、伊利石和蒙脱石组成）；化学沉积岩是矿质化合物从海洋和荒漠气候区的内陆成水湖里的盐溶液中沉淀出来的，最常见的岩类是石灰岩（其主要组成矿物为方解石），与石灰岩密切相关的是白云岩，它是由钙、镁碳酸盐矿物所组成，二者统称为碳酸盐岩；有机沉积岩中最重要的是碳氢化合物，如煤、泥炭、呈液态的石油和天然气等。地球内部的碳氢化合物总称为化石燃料。从人类能源的观点看来，这些燃料是不可更新的资源。一旦它们被消耗完，就不可能复得，因为地质过程一千年之内产生的量与整个地质时期所形成的量相比是微乎其微的。

（2）水循环过程

垂直方向上的水循环是水及其中的元素宏观尺度上的循环。其迁移、转化路径为：地表的水在太阳能和重力能的作用下，不断地从一种聚积状态（气态、液态、固态）转变为另一种状态，从一种赋存形式（自由水、结晶水、薄膜水和吸附水）转变为另外一种形式，从一个圈层（水圈、气圈、岩石圈和生物圈）转移到另一个圈层，形成复杂的迁移过程。

景观中的水受到太阳热力的作用发生形态变化，蒸发作用使液态水变为水蒸气，从水圈、岩石圈、生物圈进入大气圈。水蒸气在大气圈中随大气环流而运动，赋予每一单位体积水分以它上升高度相应的势能和太阳辐射能将水抬升到一定高度而做的功，均表现为能量的转化。首先要供给水分蒸发时的潜能，然后产生大气的运动，当冷凝时散热归还给大气，与用于蒸发时的能量相互抵消，再以降水、雾凇和雪、冰雹的形式从高空重返水圈、岩石圈、生物圈。从能量的角度看是势能转化为动能，同时大部分消耗于克服大气摩擦阻力，并且以长波辐射的形式离开这一系统。到达地表的降水把势能转变为以地表水、地下水和冰川形式等流动的动能，加之重力作用产生的径流，参与岩石圈的侵蚀、改造，最后流入海洋。落在高纬地区或高山、高原地区的降雪，形成冰川或冰盖，成为水圈的组成部分。当冰川融化，水又参与生物的生长、岩石的风化，或者再次被蒸发、蒸腾进入大气圈，参与天气过程，形成雨、雪、霜、露、雹、雾等各种各样的天气现象，进入下一轮圈层间水的大循环。

（3）生物小循环过程

垂直方向上的生物小循环主要发生在生物圈、岩石圈、水圈和土壤圈中。但也有部分微生物的循环仅在大气圈中。各圈层间的生物小循环过程主要完成的是C、N、P、S的生物循环和一些微量元素全球尺度的循环。这些元素的生物迁移过程与生物生命过程的形成与分解是密切相关的，无论是陆地还是海洋，只要有生命存在就一定有元素的生物迁移过程，只是方向与强度在不同的景观可能完全不同。垂直方向上的生物小循环主要表现为，在没有人为干预的自然条件下，植物通过根系从风化壳或土坡深处汲取各种元素至体内，待植物枯死后，再返回原地的土壤表层。这时的元素迁移只是通过植物“泵”的作用从风化壳或突然深层转移到土壤表面。如此反复，风化壳下部的亲生性元素逐渐向风化壳表层移动，使风化壳内的化学元素在垂直方向上发生分异。从地表化学元素迁移的方向来看，生物迁移与水迁移的方向正好相反。水迁移力图使风化壳中的元素不断向下和向低处淋失，而生物迁移力图使风化壳中的元素向上和向生物体内积聚，减少流失。土壤中的无机元素和有机化合物经植物、草食动物、肉食动物或人以及微生物的摄食、吸收、分解，从一地转移到另一地。这是一种生物（食物）链的迁移过程。水体中（包括水底沉积物）的元素经过水生生物的吸收转移之后，部分返回原来的水体，部分被人类移往他处。根据生物生长发育的需要，生物体内可以吸收、聚集化学性质明显不同的元素（N、S、Ca等），甚至有些元素的富集与化学性质毫无关系，如某些海岛上鸟粪层磷的迁移与富集则完全由海鸟的生物学行为所决定。

（4）大气循环过程

现代大气对流层中N_2、O_2、Ar等含量基本上是恒定的，CO_2、水汽等的含量虽然有一定的变化，但是变化幅度也不大。这表明大气的气体成分和水汽在大气环流和生物等因素的共同作用下基本保持动态平衡。垂直方向上的大气迁移过程中可细分为C、N、O等元素的迁移过程。

2. 物质迁移的意义

垂直方向上的元素通过不同介质实现的迁移过程，虽然迁移方式各不相同，但它们彼此之间相互制约，相互影响组合成一个整体。一种要素变化必然对另一种要素产生影响，一个圈层内物质迁移速率和方向的变化，也必然对另一圈层乃至景观圈的整体产生影响。元素在地表水或地下水中的迁移不仅与生物迁移密切相关，且生物作用又不断地改变着景观中的介质状况与氧化还原条件；大气迁移则在更大的区域范围内把元素的水迁移与生物迁移联结在一起，使元素的迁移循环过程变得更加复杂，以至于产生“蝴蝶效应”，成为全球变化的一个根源。

（二）水平方向上的物质迁移

水平方向上的物质迁移按迁移尺度分为全球、区域和局地三种。

1. 全球尺度的物质迁移

全球尺度的物质迁移和地质大循环、水循环和大气运动直接相关，这里不再赘述。目前常用“源”“流”“汇”分析全球尺度的物质迁移。从全球尺度看，海洋是 CO_2 的源和汇。从大陆的尺度看，CO_2 的源是土壤和植物的呼吸作用、植物和薪炭林的燃烧以及交通、工业和建筑物取暖时化石燃料的燃烧。主要的汇是植物的光合作用和大气圈。

生长植物的温暖又潮湿的土壤，如赤道和亚热带及寒带的夏季，呼吸作用很旺盛。真菌和细菌在温暖潮湿的条件下分解死有机体，产生 CO_2。白天从土壤中释放的 CO_2 可被植物的光合作用吸收。夜晚植物不能进行光合作用时，风很小的条件下，上升的温暖气流将绝大部分土壤中的 CO_2 带到对流层这一传送带中，可输入另一个区域，在那里可能被吸收也可能不被吸收。所有的绿色植物都能进行光合作用，但光合作用的速率差距很大。大叶植物（叶面系数大）和具有很高生长速度的植物净生产率大，是 CO_2 最大的吸收者，或者说它是 CO_2 最大的汇。因此大量的 CO_2 被正在生长的幼林或者谷田吸收，转化成生物量。但是，裸露的、干的、寒冷的地表或者建筑区吸收的 CO_2 量少。成熟林吸收 CO_2 但也通过呼吸作用释放大量的 CO_2。如果对流层传送带没有遇到汇，CO_2 就只能在大气圈中单调地增加，与粒子物质一样，在倒置层下积累。CO_2 被称为“大气温室气体”。最近几十年平均气温随大气圈中 CO_2 浓度的增加而升高。这是碳氧化物的增多限制了热量向宇宙空间扩散造成的。

2. 区域尺度的物质迁移过程

（1）区域间的水迁移过程

区城间的水迁移过程是物质迁移过程中最为重要的过程，它往往与化学元素的迁移共轭，决定区域景观过程的方向和强度。

水在对流层中以雪粒、雨滴、水滴和水蒸气方式实现迁移。前三种方式存在于云中，传送的距离短，水蒸气大部分在地面附近传输，其中一小部分在高处可传送较远的距离。如湖泊、湿地或者森林的下风向呈羽状的气流，水汽很丰富。绿洲周围的灌溉农田往往由于上风向的蒸发导致下风向气流中水汽含量增加，减少下风向蒸发造成的水分损失。

水的水平运动主要表现为地表径流或地下径流。在重力势能作用下，水从高处向低处流，最终流至大海或局部低洼地。在这一水文过程中，地形地貌起了重要作用。由于地形高度的差异，导致空间上水的重力势能不同，较高处势能大，较低处势能小，两者的势能差决定了水在水平方向上的流向，也是其水平运动的动力源。植物类型和土地利用类型控制着水流的水平流速，当裸地变为林地时，因基质的异质性增大，而流速度就会降低。

（2）区域之间的大气迁移过程

区域间的大气迁移是指自然地理过程中的气体成分、水汽、固体和液体颗粒随气流运动而发生的位移。区域间的大气迁移主要是由于热力条件不同，产生的区域间的风流，其实质是全球尺度大气迁移的一部分。

三、物种迁移的过程

物种的空间分布与生物多样性的关系早已为生态学家所关注。景观生态学家更为关注的是景观结构和空间格局的变化对物种分布、迁移的影响。物种在景观中的运动和迁移直接影响到物种的生存，但不同的物种对具有同一结构的景观反应也不同，有时会产生截然相反的生态效应。景观格局对物种的影响一方面与景观的要素组成有关，另一方面与物种的生态行为有关。

动植物在景观中的运动大体可分为连续运动和间歇运动两种模式。前者包括加速、减速和匀速运动，后者包括一次或者是几次的停歇。物种在景观中的运动更多地表现为间歇运动，如动物在运动过程中的停歇，寻觅食物。植物种子在风或水流作用下的跳跃式传播等。间歇运动的重要作用在于所疏散的物体与在停留处的物体间经常相互影响，如动物在停留地啃食嫩草、践踏场地、四处便溺、修筑巢穴，或者被捕食。在连续运动中，这种相互影响就不明显，或者分散在运动的途中，而不是集中在某点。所以，连续穿越景观的动物对景观的影响一般很小。

四、景观破碎化过程

景观中的过程有多种，对景观格局有重要意义的是干扰与景观的破碎化过程。景观在形成过程中必然受到自然或人为干扰的影响，把干扰作为景观的形成因素，认为干扰本身就是景观的一种形成过程，该过程首先引起景观破碎化，也可看成破碎化过程。如林业生产中的间伐可形成新的林窗，这种破碎化过程改变了林地的景观格局，增加了景观的异质性；城市景观中，道路的不断增加，是景观破碎化的主要因素之一。

景观处于永恒的变化过程中，生态因子的正常变化一般极少引起景观质的变化，可将生态因子的变化称为生态扰动。生态扰动对生物及生态系统有非常积极的生态意义，是景观生物多样性高的必要条件之一。当生态因子的变化超出一定范围，或其发生的周期发生变化或异常时，往往会引起生态系统的破坏。一般将对生态系统造成破坏的、相对离散的突发事件定义为干扰。

非生物因素如太阳能、水、风、滑坡，生物因素如细菌、病毒、植物和动物竞争等均可引发干扰。干扰不仅改变景观、生态系统、群落和种群构成、系统基质、自然环境及资源的有效性，也诱发许多过程的发生，如破碎化过程，动物的迁移过程、局地和区域物种的灭绝过程等。景观的形成、发展和变化也源自干扰，如采伐和火灾等干扰对景观的结构和功能都有强烈的影响。

干扰对生态系统或物种进化既可以起到积极的正效应，也可以起到消极的负效应。若从人类发展的角度看，干扰永远是消极因素。无论是正向还是负向的干扰效应，都是人类不期望的，也是和人类的主观愿望不一致的。在本质上，干扰等同于自然灾害。灾害是从人类社会的角度看，它是不利于人类社会和经济发展的自然现象；但发生在渺无人烟地区的火灾、洪水、火山爆发、地震等，其实是一种自然的演替过程，由于没有对人类社会造成危害，而不被认为是灾害。因它对自然生态系统的正常演替产生了影响，所以常常是生态学家关注的热点。

第三节　生态乡村的景观评价

开展生态乡村景观规划的重要一环是在对乡村景观进行摸底调研的基础上进一步开展景观评价，主要涉及评价指标和评价方法两个问题。

一、生态乡村景观评价指标

（一）评价指标选取的原则

1. 科学性原则

这是确保评价结果准确的基础，乡村景观评价活动是否科学很大程度上依赖其所选指标、使用方法以及操作程序的合理性。生态乡村景观评价指标体系的科学性应包括以下 3 个方面：①特征性，指标应反映评估对象的特征。②准确一致性，指标的概念要正确，含义要清晰，尽可能避免或减少主观判断，对难以量化的评估因素应采用定性和定量相结合的方法来设置指标。③目标性，指标体系应从评价的目的出发，考虑到每一方面，不可以遗漏或者偏颇，要全面合理。

2. 层次性原则

指标体系应根据系统的结构逐一分层，由抽象到具体、由宏观到微观，这样一层一层不仅使问题简化还可以使指标体系更加清晰，易于使用。

3. 可操作性原则

建立指标应可量、可行、可比。可量是在定性与定量的基础上尽可能地使用量化标准，这样可以使结果更加简单和准确；可行指的是所选的数据容易获得，可以用现在的数据反映出一定的问题，并可以方便地计算出来；可比指的是所选的指标在时间上可以用现在的现象和过去进行对比，在空间上该区域与其他地方相比，通过对比可以知道该块区域的好坏程度，进而提出更为合理的规划设计方案。

（二）生态乡村景观评价指标体系的建立

1. 生态环境

生态环境指标主要反映乡村景观的生态现状即生态破坏程度和生态平衡的状态，主要表现在生态稳定性和异质性两个方面。有成果指出景观的稳定性与水土流失、土地退化、林木绿化率以及自然灾害发生的频率呈负相关。林地能提高农田、草牧场等景观基质的稳定性。因此反映生态环境状况的主要指标包括：

（1）稳定性

景观稳定性是指景观有抵抗外界干扰的能力，当一旦超出景观自我修复能力必然会对生态造成一定的影响。

①水土流失率

区域内水土流失面积与区域总面积的百分比。其计算公式为式（7-1）：

$$水土流失率 = 水土流失面积 / 总面积 \tag{7-1}$$

②土地退化面积比

区域内土地沙化、盐演化、潜育化的总面积占区域总面积的比。其计算公式为式（7-2）：

$$土地退化面积比 = 土地沙化、盐演化、潜育化的总面积 / 区域总面积 \tag{7-2}$$

③林木绿化率

指林地面积占区域内总面积的比例。它反映区域内林木多少以及对涵养水源、保持水土、防风固沙、净化空气等起的作用。其计算公式为（7-3）：

$$林木绿化率 = (乔木林地面积 + 竹林地面积 + 灌木林地面积 + 四旁树占面积) / 区域总面积 \times 100\% \tag{7-3}$$

其中：四旁树占地面积按 1 650 株/hm^2（每亩 110 株）。

④自然灾害发生频率：研究区内灾害发生的频率，可由调查统计资料所得。

（2）异质性

①景观多样性（H）

景观多样性是指由不同类型的景观要素或生态系统构成的景观在空间结构、功能机制和时间动态方面的多样性或变异性，是景观水平上生物组成多样化程度的表征，反映景观的复杂程度。常用的指标为 Shamon 多样性指数。其计算公式为式（7-4）：

$$H = -\sum_{i=1}^{n}(P_i)\log_2(P_i) \tag{7-4}$$

公式中：P_i 表示某一景观类型 i 所占研究区总面积的比例；n 为研究区中的景观类型总数。

②景观优势度（D）

表示景观多样性对最大多样性的偏离程度，或描述景观由少数几个主要的景观类型控制的程度。其计算公式为（7-5）：

$$D = H_{max} + \sum_{i=1}^{n} P_i \log_2 P_i \tag{7-5}$$

公式中，$H_{max} = \log_2(n)$，表示研究区各景观类型所占比例相等时，景观的最大多样性指数；P_i 为 i 景观类型在景观中所占的比例；n 表示景观类型总数。

2. 生产功能

（1）经济活力性

①单位面积产值

表示研究区内经济发达程度。计算公式为式（7-6）：

$$单位面积产值 = 研究区总产值 / 区域总面积 \tag{7-6}$$

②人均纯收入

反映研究区村民经济生活水平的高低程度，该指标由调查统计资料获取。

③年人均纯收入增长率

表达的是人均纯收入的增长潜力。其计算公式为式（7-7）：

年收益增长率 =（目标年人均纯收入—上年人均纯收入）/ 上年人均纯收入 × 100%　　（7-7）

（2）社会认同性

①农产品商品化

指研究区内一年内只用来作为商品的农产品占生产的农产品总数百分比。它反映景观生产水平的高低。其计算公式为式（7-8）：

农产品商品化 = 一年度出售的农产品 / 一年度生产的全部农产品数 × 100%　（7-8）

②农产品供求状况

指生产的农产品与社会需求之间的关系。通过市场调查获取。

3. 美感效应

（1）自然性

①绿色覆盖度

指植被和水域面积占区域面积的百分比，该指标由统计资料获得。

②水网密度

指被评价区域内河流总长度、水域面积和水资源量占被评价区域面积的比重，用于反映被评价区域水的丰富程度。该指标可由统计资料或者卫星地图获得。

（2）居住环境

①地面垃圾处理度

指区域内垃圾的处理程度。该指标由调研获得。

②区域噪声度

是指该区域内噪声干扰程度。该指标由噪声干扰频率来表示，由统计资料获得。

③水体质量指数

是指水质等级、清澈度、透明度等的综合性反映。该指标可由实际调查或统计资料获得。

④大气质量指数

主要是指区域内大气中的降尘量、飘尘量、能见度、氧气含量、有害有毒成分等的综合性反映，可用大气环境质量指数表示。该指标可由统计资料获得。

（3）有序性

①相对均匀度（E）

景观均匀度描述景观内各类型分配的均匀程度，景观均匀度程度越高说明各景观类型分配越均匀。其计算公式为式（7-9）~式（7-11）

$$E = H/H_{max} \tag{7-9}$$

$$H_{max} = \ln(m) \tag{7-10}$$

$$H = -\sum_{i=1}^{n} (P_i \times \ln P_i) \tag{7-11}$$

公式中，E 为景观均匀度；P_i 为斑块类型 i 在景观中出现的频率，通常以该类型占整个景观的面积比例来估算；m 为景观类型的总数。

②居民点占平面布局状况

是指乡村居民点总体的分布状况。居民点总平面布局规整或是杂乱无章，是有序性的重要反映，该指标可从实际调查和土地利用现状图获得。

③居民建筑密度

是指区域内居民点建筑面积占区域总面积的比例。该指标可从实际调查和土地利用现状图获得。

（4）文化性

①地形地貌奇特度

主要是指地形、地貌特征（喀斯特、地面陡降、峡谷、峭壁等）的奇特程度。该指标由实际调查获得。

②名胜古迹丰富度

主要指历史名胜古迹及传统文化的丰富性程度。该指标由实际调查获得。

③名胜古迹知名度

主要指区域内古迹胜地在当地及国内外的知名度。该指标可由实际调查获得。

（5）视觉多样性

①景观类型丰富度：表示景观类型的丰富程度。生态乡村的景观类型包括耕地景观、林地景观、草地景观、果园景观等。其计算公式为式（7-12）：

$$R = (M/M_{max}) \times 100\% \tag{7-12}$$

公式中，M 表示景观中现有的景观类型数，M_{max} 表示最大可能的景观类型总数。

②季相多样化：表示景观随四季变化的状况，可通过调研获得。例如一年中变化程度为无变化、一季、二季、三季、四季。

二、生态乡村景观评价方法

生态乡村景观指标体系多而复杂，而层次分析法是一种解决多目标的复杂问题的定性与定量相结合的决策分析方法，生态乡村可采用此景观评价方法进行。

（一）评价指标权重的确定

确立指标权重的方法可分为两大类。一类为主观赋权评价法，主要是根据专家意见与经验主观判定，如：层次分析法、综合评分法、模糊评价法、指数加权法等；另一类为客观赋权评价法，是根据各指标之间的相互关系或变异系数进行综合评价，如：熵值法、灰色关联分析法、变异系数法等。不同的研究目的有着不同的权重确立方法，可根据具体的研究方向与指标体系确立进行选择。

首先，通过现场调研与问卷调查以及专家咨询调查，对各评价指标进行两两比较，构造判断矩阵 A，得出各个评价指标之间的取值，从而计算出项目层、因素层、指标层每个层次的比重。评价目标为 A，评价指标集 $B = \{b_1,\ b_2 \cdots\cdots b_n\}$。

构造判断矩阵 $P(A-B)$ 如下：

$$\begin{bmatrix} b_{11} & b_{12} & \cdots & b_{1n} \\ b_{21} & b_{22} & \cdots & b_{2n} \\ b_{31} & b_{32} & \cdots & b_{3n} \\ \vdots & \vdots & & \vdots \\ b_{n1} & b_{n2} & \cdots & b_{m} \end{bmatrix}$$

公式中：b_{ij} 表示因素 b_i 对 b_j 的重要性数值（$i = 1, 2, \cdots, n; j = 1, 2, \cdots n$）。

其次，判断矩阵的数值根据查阅资料、咨询专家、问卷调查等得出，然后求出特征向量，即对于判断矩阵 B。其计算公式为式（7-13）：

$$B_{ij} = \frac{A_{ij}}{\sum A_{ij}} \tag{7-13}$$

其中：特征向量为 $\sum B_j$。

最后，对特征向量进行归一化处理，求得最终权重（W），其计算公式为式（7-14）：

$$W_i = \frac{B_i}{\sum B_i} \tag{7-14}$$

为了验证权重是否具有有效性和可取度，对矩阵进行一致性检验：

首先，计算矩阵的最大特征值 λ_{max}。其计算公式为式（7-15）：

$$\lambda_{max} = \frac{\sum (AW)_i}{nW_i} \tag{7-15}$$

公式中，AW 表示举证 A 与 W 相乘。

其次，计算判断矩阵的一致性指标，其计算公式为式（7-16）：

$$C.I. = \frac{\lambda_{max} - n}{n - 1} \tag{7-16}$$

公式中，n 为矩阵的阶数。

最后，计算随机一致性比率，验证权重与矩阵，其计算公式为式（7-17）：

$$C.R. = \frac{C.I.}{R.I.} \leqslant 0.10 \tag{7-17}$$

公式中，R.I. 为平均一致性指标，是常数，可在量表中查询。当 C.I. =0 时，矩阵具有完全一致性；C. I 越大时，则矩阵的一致性就越差，矩阵的有效性与可取度越小。为了判断该矩阵是否一致，将 C.I 与平均随机一致性指标 R.I. 进行比较。当 C.R 的值大于等于 0.1 时，需要重新调整再次计算。

（二）数据标准化处理

（1）定量评价指标

对于居住环境指标如地面垃圾处理率、区域噪声、水体质量等采用国家一级环境标准；研究区单位面积产值、年人均纯收入增长率、人均纯收入等经济活力性指标采用统计局提出的小康社会标准作为标准值。以上数据即为评价的标准值，对于逆向指标（即该指标取值越小越好时）则用该指标的标准值去除以该指标的实际调查值，即得到该指标的实际评分值。其他可量化的指标可用公式（7-18）、式（7-19）进行标准化处理：

$$I_{ij} = a_{ij}/\max\{a_{ij}\}\text{（正向指标）} \tag{7-18}$$

$$I_{ij} = a_{ij}/\min\{a_{ij}\}\text{（逆向指标）} \tag{7-19}$$

公式中，I_{ij} 为 i 研究区 j 指标的评分值；a_{ij} 为 i 研究区 j 指标的实际调查值；i 为研究区的个数；j 为评价指标的个数。若是评价某一特定区域，即以全国该类型区域某指标的最大值（正向指标）即 $\max\{a_{ij}\}$ 或最小值（逆向指标）即 $\min\{a_{ij}\}$ 作为评价的标准值。

（2）定性评价指标

对于农产品商品化、农产品供求状况、居民点总平面布局状况、地形地貌奇特度、名胜古迹丰富度、名胜古迹知名度、季相多样化等定性指标按 0.2（差）、0.4（低）、0.6（中）、0.8（良）、1.0（优）五个等级，由专家评分来确定。最后求其平均值。

（三）构建生态乡村景观评价模型

可采用目标线性加权综合评分法对生态乡村景观进行评价，具体步骤如下：

（1）因素层计算公式

因素层计算公式见式（7-20）。

$$F = \sum_{i=1}^{N} (F_i \times C_i) \tag{7-20}$$

公式中，F 为因素层中某因素评分总值；F_i 为指标层中第 i 个指标的评分值；C_i 为指标层中第 i 个指标的权重；N 为指标层中包含的指标个数。

（2）项目层计算公式：

项目层计算公式见式（7-21）。

$$I = \sum_{i=1}^{M} (W_j \times D_j) \tag{7-21}$$

公式中，I 为项目层中某因素指标值；W_j 为因素层中第 j 个指标的指标值；D_j 为因素层中第 j 个指标的权重值；M 为因素层中包含的指标个数。

（3）目标层计算公式

目标层计算公式见式（7-22）。

$$O = \sum_{i=1}^{T} (I_i \times B_i) \tag{7-22}$$

公式中，O 为目标层总评分；I_i 为第 i 个项目的指标层；B_i 为项目层第 i 个指标的权重值；T 为目标层在项目层中所包含指标的个数。

第四节　生态乡村景观规划设计

一、景观规划内涵

近年来，国内理论界对乡村景观规划进行了深入分析。乡村景观规划是在认识和理解景观特征与价值的基础上，通过规划减少人类对环境的影响，将乡村景观视为自然景观、经济和社会三大系统高度统一的复合景观系统。根据自然景观的适宜性、功能性、生态特性、经济景观的合理性、社会景观的文化性和继承性，以资源的合理、高效利用为出发点，以景观保护为前提，合理规划和设计乡村景观区内的各种行为体系，在景观保护与发展之间建立可持续的发展模式。乡村景观规划与设计就是要解决如何合理地安排乡村土地及土地上的物质和空间来为人们创造高效、安全、健康、舒适、优美的环境的科学和艺术，为社会创造一个可持续发展的整体乡村生态系统。乡村景观规划不仅仅是关注景观的土地利用问题，而且应该更加注重其美学价值与生态价值带给人类的长期效益，应当运用景观生态学原理保护乡村景观的地方文化，营造更加美好的生活环境。

总体来看，国内普遍都强调乡村景观在规划过程中适宜性、功能性、生态特性、经济合理性、文化性和继承性，认为运用生态规划方法使乡村能够合理布局，体现地方特色，指出乡村景观规划首先是能够平衡景观、经济、社会三者之间的关系，使之能够成为一个稳定的乡村景观系统，提出在城市化进程中，通过对乡村景观规划理论和方法的研究对乡村进行合理布局，能够有效地避免因城镇化而牺牲乡村特有景观，能够维护乡村生态系统，保护其稳定的乡村景观格局，提升产业经济与社会水平，营造一个良好的生态环境。

二、景观规划目标

生态乡村景观规划主要指的是对乡村自然环境、地形地貌、生物系统以及区域文化等进行合理科学的安排，从而为人们建立一个既科学又艺术、舒适、和谐的人居环境，为整个乡村社会建造一个可持续发展的生态系统。乡村景观规划与生态、环境各个要素密切相关，景观中的水土、林木、构筑物、文化等因素属于环境范畴，生态是指区域内的一切生命体，生态是一个动态发展的过程，因此乡村景观规划离不开环境和生态。

乡村景观规划设计的基本目标是对乡村群落的自然生态、农业生产以及美感效应（区域建筑、地形地貌、名胜古迹等）三方面进行优化整合，协调三方面的和谐关系。乡村景观规划强调的是人与景观的共生共荣，它的终极目标是既协调自然、文化和社会经济之间的矛盾，又着眼于丰富生物环境，以丰富多彩的空间格局为各种生命形式提供持续的多样性的生息条件。

三、景观规划原则

随着社会经济水平的不断提升，乡村居民生活条件不断改善，生态乡村的建设给村民提供了更为和谐的人居环境，生态乡村景观规划强调在提高乡村经济效益的同时，更要注重保护乡村生态环境及乡村特色文化。因此，从整体环境景观设计的角度出发，生态乡村景观规划应遵循以下原则：

（一）保护生态环境原则

生态环境主要包括生态的稳定性和异质性两方面。其异质性即生态景观的多样性以及优质性。生态的多样性对于乡村建立一个可持续发展的动态生态系统有重大的意义。健康的生态多样性有利于环境的自我调节，对已遭到人类干扰的生态系统有自行恢复作用。因此，在对乡村进行景观规划时要尤为重视生态环境的保护原则。

（二）促进经济发展原则

经济基础决定上层建筑。乡村景观规划要着重考虑规划带给村民的经济效应。从农业的角度提供合理的耕地、果园及菜园用地等斑块化规划方案；从景观旅游的角度，充分发展乡村特色、当地的风俗民情以及名胜古迹等，与当地的经济、技术条件协调发展，充分考虑当地的经济承受能力以及发展潜力，充分利用当地现有的适宜技术，从整体上把乡村规划成生活富裕、景观优美的生态乡村。

（三）重视美观效应原则

乡村景观首先应打造良好的视觉景观，其次应利用当地的地貌地形，发展当地的区域优势，营造乡村特色和标志性风貌的乡村建筑以及节点标志，最后合理布置休闲、健身的公共活动场所，美化各家的庭院，建设处处相宜的乡村美观环境。

（四）坚持可持续发展原则

乡村景观以乡村发展为前提，坚持尊重生态环境、加强农业生产以及美化景观相结合的原则，严格保护乡村自然遗产，保护原有景观特色，维护生态环境的良性循环，防止污染和其他地质灾害。编制生态乡村景观规划时，要根据当地自然景观资源与人文景观旅游资源特征、环境条件、历史情况、现状特点以及国民经济和社会发展趋势，以乡村经济发展为导向，坚持可持续发展，总体规划布局，统筹安排建设项目，切实注重发展经济实效。

四、景观规划内容

（一）乡村生态景观规划

乡村生态系统的稳定关系到乡村的经济文化和社会可持续发展。因此，乡村生态性景观体系的建设对于生态乡村景观规划意义重大，其规划设计的核心内容是指水域景观以及植物绿化。

1. 水域景观规划

水域景观是体现乡村景观生态性的重要因素。在保证其功能作用下，应考虑挖掘美观价值以及休闲价值。水域景观主要包括水塘景观、河道景观以及沟渠景观。

（1）水塘景观

水塘景观处理在水域景观规划中是重要的内容，其生态系统中的生物链是环环相扣的。除此外还有蓄水以及消纳氮、磷、钾等这些化学元素，减少土壤的污染的作用。随着乡村旅游的快速发展，还可以发展水产养殖业与休闲娱乐产业。

水塘在规划中，要注重修复生态系统，尽量以自然式亲水岸为主，采用当地石材或植被进行驳岸处理，避免大面积的混凝土铺置，实现水陆的自然过渡，提升水塘的美观价值以及生态价值，深入挖掘水塘景观的休闲价值，提高农民的收入。例如，对于部分乡村而言，可建立休闲娱乐亭或观景平台，开展休闲垂钓项目。

（2）河道景观

河道是乡村的廊道景观，具有蓄水、灌溉、美观、游憩等多种功能。在规划中要注意疏通汛河道以及垃圾处理，在保证排洪畅通的前提下，要注意生态理念的体现。对于断头水的处理应找清原因，因地制宜、合理地进行各水系的相连通，保证水系的畅流。

（3）沟渠景观

在乡村景观规划中，沟渠是不可忽视的重点之一。沟渠与村民接触比较多，不仅能为农田提供基本的灌溉还能调节局部的小气候，改善乡村生态环境。对于沟渠的设计，主排水渠通常用混凝土或者条石进行砌筑，渠坡采用缓坡形，缓冲水位过大时对边坡的冲击力。缓坡上种植草皮进行生态护坡。田间地头的次水渠一般用土质沟渠，尽量减少人造硬性化设计，沟渠的边坡可以任其生长杂草，保证田间的生态性。

2. 植物绿化设计

植物绿化主要包括庭院绿化、公共绿化、边缘绿化以及道路绿化。

（1）庭院绿化

为突出乡村特色，庭院绿化一般选择当地适宜的蔬菜果树，对房前屋后进行美化绿化。本着经济性、生态性、科学性的原则，房前屋后可适量种植核桃、杏、柚子、梨、枣等植物，院内可栽植葡萄、丝瓜。为体现生态性，可在屋后栽植杨树，院内种植适量的月季、紫藤、紫薇等。科学性表现在植物的合理搭配上，尤其是院落的绿化景观要考虑到通风和光照。

（2）公共绿地

公共绿地应结合基地现状，以当地世世代代村民的生活习性为依据-于绿地中合适的位置放置休闲坐凳、独具文化特色的指示牌等景观小品，为乡村居民提供良好的休闲场所。生态乡村的公共绿地的建设应该坚持生态性、特色性原则，主要以乡土植物为主，选取抗性强、适应性广、便于粗放管理的植物，采用自然式的搭配方式，以求营造一个自然生态的绿地景观。

（3）边缘绿化

乡村聚落边缘绿化是与乡村中的农田相互连接，是与自然的过渡空间。它的边缘绿化应该采取与周围环境融为一体的方法，就地取材使用边缘空地种植速生林，在建筑庭院外围以及院落内种植低矮的林果木，共同营造聚落边缘景观，形成乡村良好的天际线，与乡村自然生态的田园景观融为一体，使乡村的聚落边缘在一定程度上隔绝外界污染以及噪声，保持聚落内部的生态平衡。

（4）街道绿化

街道绿化为乡村绿化的重点，要求绿化既美观又因地制宜。绿化可按照乔、灌、草合理搭配。乔木宜选择冠大、荫浓、抗病、寿命长、具有良好视觉效果的种类，如银杏、栾树等，灌木可选丁香、连翘等；地被可选择多年生且造价低廉便于管理的植物，合理划分层次，打造错落有序的景观带或者景观道路线。

（二）乡村生产景观规划

从事农业劳动自古以来就是农村居民最基本的生产活动，由此也形成了部分各具特色的农业景观。农业景观指的是农村生产性景观。农业景观由农业生产活动组成，是乡村人文景观的重要表现。同时，随着农业快速发展、地域性的差异和生产内容的不同，农业景观呈现出不同的景观特征，这对乡村地域性景观的形成具有决定作用。本书主要研究生产规划的农田景观规划、林果业景观规划。

1. 农田景观规划

农田景观规划包括农田斑块及农作物配置。农田斑块的大小是农田景观规划的重点，从生态学的景观空间配置来看，比较科学的农田配置是以大面积的农田斑块为中心，周围绕以农田小斑块附着相连。但在实际规划中要考虑当地的地形以及沟渠现状，小斑块可以培养农产品的多样性，大斑块利于农作物的机械化操作。除此外，还要注重农田斑块的形状，尽可能地以长方形和正方形为主，方便小型的农业耕作。农作物的搭配也是农业规划中应该考虑的内容，根据景观生态学原理，单一的农作物景观生态性不稳定，容易遭到病害。因此，在农作物的配置选择上，宜采用竖向种植、套作及轮作等方式，增强农田景观的稳定性。另外可考虑农作物的景观潜力，发展大地艺术。

2. 林果业景观规划

林果业生产区是乡村景观过渡较强的区域。乡村景观规划本着经济、美观、地域特征的原则，尽可能地选择易于成活和管理的果树为主，如北方的苹果、梨、枣等。出于生产上的考虑，乡村地域林区树种的配置以混交林为主比较好，相比较而言有更加稳定的生态系统，且生长快、景观好。除此之外，林木的规划要自然，横向上疏密有致，竖向上富有层次。林区草坪面积不宜过大，一般不超过 1 hm^2，宽度宜为 10～50 m，长度不限，草地形状尽量避免呈规则的形状，边缘的树木呈自然布置小树群，树群的面积不应小于总面积的 50%。树群应结合林木种植，以小树群混交为好，每个树群面积以 5～20 hm^2 为宜，最大不过 30 hm^2。在 1 hm^2 的面积上，布置小树群 4～5 个，间距为 40～50 m，中树群 2～3 个，间距为 60～70 m，大树群 1～2 个，间距为 70～100 m。大中小树群布置得错落有致，主题鲜明，结构美观。

（三）美观效应规划

1. 道路景观

乡村道路是乡村规划着重考虑的一个重要内容，乡村道路主要承担着三个方面的功能，一是最基础的交通功能，如：运输垃圾、日常生活、市政服务、车辆通行等；二是为乡村居民提供交流活动的场所，如：人们饭后散步、驻足交流等场所；三是形成村庄的结构以及沿线布置基本的市政管线功能。一个乡村的骨架大体是沿着道路确定的，道路的宽度、断面直接影响着乡村整个内部空间。另外，沿着道路布置各种管线，既美观又方便。鉴于以上道路的功能从道路等级、道路选线以及路面材质三个方面进行生态乡村景观美观效应规划阐述。

（1）道路等级

乡村道路是区域内联系各个功能区和景观节点的重要廊道。根据乡村的地形地貌条件，按照道路功能的不同，乡村道路通常划分为三个等级，即主干道、次干道和游步道。主干道为车行道，路面宽度通常为 5.0～10 m，连接着区域内的主要入口和功能区，每隔 1 000 m 设置会车道，保障主干道的通行；次干道也为车行道，控制路面宽度为 5.0 m，并且在道路两侧营造宽度不小于 1.5 m 的绿化景观道，将功能区内的重要景区与主干道连接起来；游步道为步行小道，路面宽度通常为 2～3.5m，主要将区域内重要的景观节点串联起来，便于农业生产、观光游览等。

（2）道路布局

乡村的道路一般以外线为主干道，尽量设计成环状，无论是主干道还是次干道尽可能沿着原来的路线整治。在选址上尽量避免开山建路，减少对生态的破坏，对于地形坡度较大的地方，应沿着等高线的方向设计路线。游步道选线布局上，在满足农业生产的基础上，结合休闲观光的要求，注重道路线条走向的景观艺术美感，做到移步换景的廊道指示作用。

（3）路面材质

乡村地区的主车行道应充分考虑其使用周期及满足载荷的要求，应以沥青路面或水泥混凝土路面为主。游步道根据使用功能的要求，进行差异化规划设计，考虑到游步道主要以人行休闲观光游览为主，路面应以碎石路面、青石板路面、陶瓷透水砖路面等为主。游步道的路网密度不宜过大，以免分割区域内重要的斑块，导致景观过于破碎化。

2. 建筑景观

对于生态乡村的建筑设计无论是沿街外墙还是居民房屋改造，应该先对本地文化习俗进行深度调查，挖掘建筑的各种标志性特征，因地制宜合理地规划设计。不同地区在控制总体建筑风貌的基础上，还应考虑文化差异及风俗习惯等。在建筑细部、装饰、造型等加以细化，形成更具特色的地域建筑。如福建的土楼、苗族的吊脚楼、徽派建筑的马头墙等。从改造程度上把乡村建筑分为新建民居及改建民居两类，针对两类建筑提出以下设计改建建议：

（1）新建民居

新建民居用地禁止选择在道路红线范围内，以及桥下、陡坡、山顶。布局形式灵活自由，以院落式为主，遵循大聚集小分散的原则；在建筑材料上建议用现代的建筑材料及手法来表现地域的建筑特征，在整个外形上仍保持传统的面貌；在户型设计中应根据当地人口、经济状况以及功能要求合理地提出大、中、小户型设计方案。

（2）改建民居

挖掘当地区域特色，提炼当地典型的建筑元素和文化元素，使其与建筑的外形、色彩以及细部有效地结合。对于各种类型混在一起的建筑，要整体规划改建。针对建筑外形，不单单是建筑立面，还应包括屋脊曲线、阳台、檐口、窗户等细节，在改建的过程中，遵循因地制宜的原则，尽可能地使用当地建材，保留乡村原汁原味的淳朴风情。

第八章 生态景观下不同类型的景观规划

第一节 生态视角下的森林景观规划设计

森林景观生态规划是景观尺度上的经营规划和实践活动，是以景观为中心尺度，跨尺度景观要素和景观结构成分空间配置。要解决景观尺度上的结构调整和景观管理问题，必须从森林生态系统水平入手，通过在景观水平上的总体决策，控制生态系统水平上应当采取的技术措施和手段，同时充分考虑满足区域尺度上对森林产品功能、服务功能和文化价值的要求。

一、生态视角下森林景观规划设计的目的和任务

（一）生态视角下森林景观规划的目的

森林景观生态规划的目的是，通过对林区范围内景观要素组成结构和空间格局的现状及其动态变化过程和趋势进行分析和预测，确定森林景观结构和空间格局管理、维护、恢复和建设的目标，制定以保持和提高森林景观质量、森林生产力和森林景观多重价值，维护森林景观稳定性、景观生态过程连续性和森林健康为核心的森林景观经营管理和建设规划，并通过指导规划的实施，实现森林的可持续经营。

（二）生态视角下森林景观规划的任务

森林景观生态规划是对林区景观进行的系统诊断、多目标决策、多方案选优、效果评价和反馈修订的过程，是一项系统工程。遵循系统工程的一般程序，林区景观生态规划可以概括为 6 个方面的任务：①分析森林景观组成结构和空间格局现状。②发现制约森林景观稳定性、生产力和可持续性的主要因素。③确定森林景观最佳组成结构。④确定森林景观空间结构和森林景观理想格局。⑤优化森林景观结构和空间格局进行调整、恢复、建设、管理的技术措施。⑥提出实现森林景观管理和建设目标的资金、政策和其他外部环境保障措施。

二、河岸森林景观和流域的生态安全

河岸森林景观是林区一类特殊的森林景观，由于所处位置特殊，在景观生态过程中的生态学意义重大，对流域生态安全的作用突出，近年来受到景观生态研究和规划工作者的普遍重视。

（一）河岸森林景观对于河流的作用

河流创造了一种特殊生境，使河岸森林成为一种特殊的类型。河岸水分充足，植被能

吸收地下水层的水分。其次，河岸地带空气较湿润，土壤养分较高，甚至成为生产力最高的林地。由于大的河流经常泛滥成灾，河岸森林通常具有一定的耐淹能力。河岸森林有的地方宽，有的地方窄，从上游到下游的变化极端明显，从某种意义上代表着一种湿生演替系列。

1. 维持景观的稳定性和保持水土

河岸森林对于维持山坡本身和河谷地貌的稳定性有重大关系。山地—河流之间的物质移动、搬迁和堆积可能有多种形式，以水力作用为主的侵蚀和以重力为主的滑坡、崩塌、土溜是主要的运行方式，而这一切都取决于植被对土壤的保持作用。一旦森林遭到破坏，水土流失加剧，河岸侵蚀加强，从而使河流变得不稳定，影响下游平原水库和水利设施的安全。

2. 维持河流生物的能量和生存环境

河岸森林的枝叶和其他残体为溪流中各种无脊椎动物提供食物和庇护，从细菌到鱼类，甚至到水獭，大多数溪流有机体都是依赖河岸森林输入的能量而生存。河岸森林的倒木和枝叶，可形成许多水塘，形成生境的多样性。河岸森林的林冠层具有较强的庇荫作用，可防止水体过热。河岸森林对溶解性的矿物质和固体颗粒进入河流有过滤和调节作用。

3. 维持河流良好的水文状况和水质

河岸森林具有调节河水流量的功能。随着一个地区的开发和森林的减少，森林调节河水总流量的能力降低，表现在该地区河流洪水期流量增加，枯水期流量减少，河岸森林可使河水保持良好的水质，主要表现在河水中泥沙含量低，河水中的营养物质处于低水平状态。

（二）流域景观生态规划

1. 流域景观特征

从景观生态学的角度来看，流域景观的本底主要由受干扰较少的天然次生林、少量原始林及大面积的荒地、未利用土地、农耕地构成；斑块由零星分布的农地、水域、村庄、人工林地、经济林地、水库、池塘等构成；各级河流、小溪、防护林、道路、树篱等构成廊道，最终形成本底、斑块和廊道镶嵌的景观。

2. 流域景观生态规划

流域景观生态规划是充分发挥河岸森林对河流的作用，确保流域生态安全的重要途径。流域景观生态规划是根据景观生态学原理，对流域景观要素进行优化组合或引进新的成分，调整或构造新的流域景观格局，如调整农业种植结构、营造防护林、修建水保工程、山水林田路统一安排、改土治水、防污综合治理等，以提高流域的人口承载力，维护生态环境，从而促进流域人口—资源—环境的持续协调发展。

三、生态视角下的森林公园规划

森林公园是以良好的森林生态环境为基础，以森林景观为主体，自然风光为依托，融合其他自然景观和人文景观为一体，环境优美，物种丰富，景点景物相对集中，具有较高的观赏、文化、科学价值，有一定规模的地域，经科学保护、合理经营和适度建设，利用森林生态系统的多种服务功能，可为人们提供旅游观光、休闲度假、疗养保健或进行科学、文化、教育活动的特定综合性服务场所。

我国森林公园作为新兴的绿色产业，起步较晚。国家林业局自20世纪80年代起开始建立森林公园，并建立了我国第一个森林公园——湖南省张家界国家森林公园。在国家林业主管部门的大力支持下，凭借我国森林景观资源丰富多样的得天独厚的条件，森林旅游迅速发展，成效也十分显著。之后，随着森林公园建设在保护自然资源和生物多样性、调整林业产业结构、促进林区脱贫致富等方面所起到的作用逐渐被人们认同。

（一）森林公园的类型划分

森林公园的建设应以保护森林生态环境为前提，遵循开发与保护相结合的原则，突出自然野趣和保健等多种功能，因地制宜，发挥自身优势，形成独特风格和地方特色。森林公园的景观生态规划首先应确定森林公园的功能类型，明确森林公园的性质和发展方向。我国的森林公园分为7个功能型。

1. 游览观光型森林公园

游览观光型森林公园的自然景观、森林景观和人文景观均有特色。景观生态规划要尽量恢复原有的景观景点，合理安排旅游线路，净化美化环境，配套相应的服务设施。如江苏常熟虞山、连云港云台山和贵州锦屏等森林公园。

2. 文体娱乐型森林公园

文体娱乐型森林公园景观比较平淡，但交通方便，客源丰富，并具备建设活动场地的条件。如无锡惠山规划了多功能山地游乐运动场，有高尔夫球练习场、跑马场、射击场、山地滑道、山地自行车道、野营、野炊、垂钓，还有茶文化馆、观赏植物园和野生动物园等。

3. 保健康复型森林公园

保健康复型森林公园要求山美、水美、环境美。适宜度假、避暑和疗养。

4. 生态屏障型森林公园

多数生态屏障型森林公园为环城或城郊森林公园，为城市居民提供优美的生态环境，起到净化空气、改良气候、保持水土、减轻自然灾害和人为污染等作用。如江苏南京紫金山国家森林公园、徐州环城森林公园，要把山地的成片林与平原的点线带网和片林连接起来，把用材林、防护林、经济林、竹林连接起来，组成一个完整的森林景观生态系统。

5. 自然教育型森林公园

自然教育型森林公园包含或连接自然保护区，要以保护对象为核心，建成科研、教学、生产和科普宣传园地，如在江苏大丰麋鹿保护区周围建森林公园，就可以在人们观赏国宝“四不像”的同时，进行科普宣传和爱国主义教育，这样更有利于野生动物保护，也为森林旅游增添新奇色彩。

6. 特殊风物型森林公园

特殊风物型森林公园具有特殊的历史遗迹或风物景观。如江苏江阴要塞森林公园自春秋战国以来就是“江防要塞”。

7. 综合型森林公园

综合型森林公园大部分处于近郊的风景旅游区，兼有上述两类以上功能，景观总体规划应有主有从，突出主题，安排得当，可建成大型的多功能、全方位、高效益的森林旅游胜地。

（二）生态视角下森林公园景观生态规划的原则与要点

1. 生态视角下森林公园景观生态规划的原则

（1）保持原始面貌

森林旅游主要是满足人们回归自然、体验性旅游的强烈愿望。森林公园规划与建设应在提供良好旅游服务设施的基础上尽可能保持森林景观的古朴自然风貌，在林区建设城市园林的做法无疑违背了旅游者的心理需求，对森林公园内局部受人为破坏或森林风景相对缺乏的地方，可以借用园林造景的部分手法，提高森林风景资源的质量，人工促进景观恢复，但仍要坚持原始、自然、质朴的宗旨。

（2）具有鲜明的主题

开展森林旅游活动是森林公园建设的主要目的之一。公园旅游的主题妥当、特色鲜明是总体规划工作成功的关键，关系到公园的吸引力和经营效益。森林公园特色应在充分调查了解森林公园范围内旅游资源与环境的基础上进行挖掘和建造。怎样扬长避短地确定主题，形成公园自身特色，需要认真细致地分析与提炼。

（3）全面规划、分片开发、滚动发展

公园建设是一项投资大、时间长的工程，很难一次提供全部资金。公园建设规划应充分考虑总体性和可行性两方面要求。首先应围绕规划指导思想进行全面规划、合理布局，确定好现阶段建设项目和长远发展规划，保持公园建设的总体性。在时间安排上应遵循边建设边经营的原则，分片开发、分期实施、先易后难、先基础后设施，达到滚动发展、逐步完善，使公园建设与经营良性互动，获得较好的效益。

2. 生态视角下森林公园景观生态规划的要点

（1）总体布局

总体布局的任务是依据森林公园的性质、森林景观资源质量、市场条件，通过分析论证，制定森林公园建设的发展方向、建设规模和建设标准。总体布局要突出主题、彰显特色，视公园具体情况确定森林公园的主题。总体布局的内容主要包括：确定森林范围与建设规模、公园性质，确定公园功能区类型划分，森林公园环境容量与旅游规模预测。

按森林旅游业综合发展建设需要，森林公园一般划分出游览区、游乐区、接待服务区、行政管理区、休疗养区、居民住宅区和多种经营区 7 个功能区。同一功能区在地域上一般应相互连接，不连接者也应该相对集中，形成规模，不宜过于分散。

（2）景区划分

根据森林公园所处的地理位置，因地制宜，合理分区，塑造出简洁优美、步移景异的景观环境。景区划分一般要求不同景区的主题鲜明，各其特色，景区内的景观特点类似，景点相对集中，还要有利于游览线路组织和公园管理。

（3）风景林设计

风景林设计主要包括风景林类型划分与植物配置、风景林的空间布局和风景林的管理。依据林貌，风景林一般分为水平郁闭型、垂直郁闭型、稀树草地型、空旷型和园林型 5 大类型。河流、道路等线形地带两旁一般不单独设置规则式风景林带，应结合周围景点和植被分布特点，进行自然配置。

水平郁闭型风景林由单层同龄林构成，林木分布均匀，能透视森林内景，形成整洁、壮观的景观效果。垂直郁闭型风景林由复层异龄林构成，林木呈丛状分布，树冠高低参差，形成"绚丽多彩、生机勃勃"或"郁郁葱葱、深奥莫测"的景观效果。稀树草地型风景林主要由丛状乔木和草地构成，主要用于观赏和游憩活动。空旷型风景林由林中空地、草坪（或草地）、水面相连的空旷地构成。空旷型风景林艺术效果单纯而壮阔，主要用于观赏、体育游戏及各种群众活动。园林型风景林由亭台楼阁等建筑物与景观植物综合配置而成，一般多为名胜古迹所在地。在风景林的空间布局上，要把握好巧用不同视角的风景感染力，合理安排对景、透景、障景和正确处理森林风景的景深3条原则。

（4）保护工程规划

在开展森林游憩活动过程中，森林植被最大的潜在威胁是森林火灾，游人吸烟和野炊所引起的森林火灾占有相当大的比例。森林火灾不仅会使游憩设施受损，威胁游客生命财产安全，而且会毁灭森林内的动植物，火灾后的木灰进入水体还可能导致大批鱼类死亡。因此，在规划设计时一定要考虑森林公园火灾的防护。

在规划设计时，对于森林火灾发生可能性大的游憩项目，如野营、野炊等，尽可能选择在林火危险度小的区域。林火危险度的大小主要取决于林木组成及特性、郁闭度、林龄、地形、海拔、气候条件等因素。

对于野营、野餐等活动应有指定地点并相对集中，避免游人任意点火而对森林造成危害。同时，对野营、野餐活动的季节应进行控制，避免在最易引起火灾的干旱季节进行。

在野营区、野餐区和游人密集的地区，应开设防火线或营建防火林带。防火线的宽度不应小于树高的1.5倍。从森林公园的景观要求来看，营建防火林带更为理想。防火带应设在山脊或在野背地、野餐地的道路周围。林带以多层紧密结构为好，防火林带应与当地防火季的主导风向垂直。

森林公园中的防火林带应尽量与园路结合，可以保护主要游览区不受邻近区域火灾的影响。同时，方便的道路系统也为迅速扑灭林火提供保障。

在森林公园规划和建设中，应建立相应的救火设施和系统。除建立防火林带、道路系统外，还应增设防火通信设施，加强防火、救火组织和消防器材的管理，更重要的是加强对游人和职工的管理教育，加强防火宣传，严格措施，防患于未然。

同时，防止森林病虫害的发生，保障林木的健康生长，给游人一个优美的森林环境是森林公园管理的重要方面。

3. 生态视角下森林公园景点规划

（1）组景

组景必须与景点布局统一构图，以达到景点与景区、景区与森林公园总体相互协调。组景应该充分利用景点，视其开发利用价值，进行修整、充实、完善，提高其游览价值。新设景点必须以自然景观为主，以建筑小品做必要的点缀，突出自然野趣。除特殊功能需要外，景区内一般不应设置大型的人文景点。景点主题必须突出，个性必须鲜明，各景点主题不可雷同。

（2）景点布局

景点布局应突出森林公园主题和特色，突出主要景区。景区内应突出主要景点，运用烘托与陪衬手段，合理安排背景与配景。景点的静态空间布局与动态序列布局紧密结合，处理好动与静的关系，构成一个有机的艺术整体。静态空间布局，应综合运用对景、透景、障景、添景、夹景、框景和漏景等多种艺术手法，合理处理画面与景深，增强艺术感染力。动态序列布局，应正确运用“断续”“起伏曲折”“反复”“空间开合”等手法，使各景点构成多样统一的连续风景节奏。并充分利用植物干、叶、花、果形态和色彩的季节变化进行季节交替布局，重点突出具有特色的季节景观。

（3）游览系统

在森林公园内组织开展的各种游憩活动项目应与城市公园有所不同，应结合森林公园的基本景观特点开展森林野营、野餐、森林浴等在城市公园中无法开展的项目，满足城镇居民向往自然的游憩需求。依据森林公园中游憩活动项目的不同，可分为：典型性森林游憩项目，如森林野营、野餐、森林浴、林中骑马、徒步野游、自然采集、绿色夏令营、自然科普教育、钓龟、野生动物观赏、森林风景欣赏等；一般性森林游憩项目，如划船、游泳、自行车越野、爬山、儿童游戏、安静休息等。

第二节　生态视角下的自然保护区景观规划设计

自然保护区是指对有代表性的自然生态系统、珍稀濒危野生动植物物种的天然集中分布、有特殊意义的自然遗迹等保护对象所在的陆地、陆地水域或海域，依法划出一定面积予以特殊保护和管理的区域。依据保护对象的不同。分为生态系统类型保护区、生物物种保护区和自然历史遗迹保护区 3 个类型。每个自然保护区内部大多划分成核心区、缓冲区和外围区 3 个部分。

核心区是保护区内未经或很少经人为干扰过的自然生态系统的所在，或者是虽然遭受过破坏，但有希望逐步恢复成自然生态系统的地区。该区以保护种源为主，又是取得自然本底信息的所在地，而且还是为保护和监测环境提供评价的来源地。核心区内严禁一切干扰。缓冲区是指环绕核心区的周围地区，只准进入从事科学研究观测活动。外围区，即实验区，位于缓冲区周围，是一个多用途的地区，可以进入从事科学试验、教学实习、参观考察、旅游以及驯化、繁殖珍稀、濒危野生动植物等活动，还包括有一定范围的生产活动，还可有少量居民点和旅游设施。

一个国家的自然保护区体系，一般要求保护类型比较齐全、布局比较合理，这样综合效益才比较明显。我国自然保护区分为国家级自然保护区和地方各级自然保护区。其中在国内外有典型意义、在科学上有重大国际影响或者有特殊科学研究价值的自然保护区，列为国家级自然保护区。

一、自然保护区概述

（一）建立自然保护区的目的、意义与要求

自然保护区往往是一些珍贵、稀有的动植物物种的集中分布区，候鸟繁殖、越冬或迁

徙的停歇地，以及某些饲养动物和栽培植物野生近缘种的集中产地，具有典型性或特殊性的生态系统；也常是风光绮丽的天然风景区，具有特殊保护价值的地质剖面、化石产地或冰川遗迹、岩溶、瀑布、温泉、火山口以及陨石的所在地等。

1. 建立自然保护区的目的

建立自然保护区的目的是保护珍贵的、稀有的动植物资源，保护代表不同自然地带的自然环境的生态系统，保护有特殊意义的自然遗迹等。

2. 建立自然保护区的意义

建立自然保护区的意义：保留自然本底，它是今后在利用、改造自然中应循的途径，为人们提供评价标准以及预计人类活动将会引起的后果；贮备物种，它是拯救濒危生物物种的庇护所；科研、教育基地，它是研究各类生态系统的自然过程、各种生物的生态和生物学特性的重要基地，也是教育实验的场所；保留自然界的美学价值。它是人类健康、灵感和创作的源泉。自然保护区对促进国家的国民经济持续发展和科技文化事业发展具有十分重大的意义。

3. 建立自然保护区总体要求

以保护为主，在不影响保护的前提下，把科学研究、教育、生产和旅游等活动有机地结合起来，使它的生态、社会和经济效益都得到充分展示。

（二）自然保护区的功能

1. 保护自然环境与自然资源功能

通过人工保护，使各种典型的生态系统和生物物种正常地生存、繁衍与协调发展，各种有科学价值和历史意义的自然历史遗迹和各种有益于人类的自然景观，在人工的保护下，保持本来面目。

2. 科学研究功能

自然保护区提供生态系统的天然“本底”，并为人类提供研究自然生态系统的场所，便于进行连续、系统的长期观测以及珍稀物种的繁殖、驯化的研究等。科学研究是自然保护区工作的灵魂，既是基础性工作，又是开拓性工作，是实现对自然资源有效保护与合理开发利用的关键。

3. 考察、游览与宣传教育功能

自然保护区可开展科学探索和考察，保护区中的部分地域可以开展旅游活动，同时自然保护区也是宣传教育活动的自然博物馆。

4. 生物多样性、生物演替与环境监测功能。

自然保护区内物种丰富，生物多样性指数高，同时自然保护区内还含有多种地貌、土壤、气候、水系以及独特人文景观的单元，自然生态比较优越。在自然保护区也有独特的条件来同时监测和显示生态演替状况，其中的不少野生动植物种类还是反应环境好坏的指示物，可为人类活动提供评价准则。

5. 涵养水源、净化空气功能

自然保护区能在涵养水源、保持水土、改善环境和保持生态平衡等方面发挥重要作用。

6. 合理利用自然资源功能

自然保护区有着丰富的自然资源，对于可更新资源如野生动物和植物资源等，在人为提供特殊保护的基础上，在自然资源承受能力与生物种群及其数量相适的条件下，可进行适度的合理开发利用，不断提高自然保护区的利用价值。

二、中国自然保护区建设现状与景观规划目标

（一）中国自然保护区建设现状

根据《中华人民共和国自然保护区条例》，自然保护区实行分区保护，自然保护区可以分为核心区、缓冲区和实验区。自然保护区内保存完好的天然状态的生态系统以及珍稀、濒危动植物的集中分布地，应当划为核心区，禁止任何单位和个人进入；因科学研究的需要，必须进入核心区从事科学研究观测、调查活动的，应当事先向自然保护区管理机构提交申请和活动计划，并经省级以上人民政府有关自然保护区行政主管部门批准；其中，进入国家级自然保护区核心区的，必须经国务院有关自然保护区行政主管部门批准，自然保护区核心区内原有居民确有必要迁出的，由自然保护区所在地的地方人民政府予以妥善安置。核心区外围可以划定一定面积的缓冲区，只准进入从事科学研究观测活动。缓冲区外围划为实验区，可以进入从事科学试验、教学实习、参观考察、旅游以及驯化、繁殖珍稀、濒危野生动植物等活动。原批准建立自然保护区的人民政府认为必要时，可以在自然保护区的外围划定一定面积的外围保护地带。在自然保护区规划中，斑块的形状、大小，廊道的走向，斑块和廊道的组合格局，对许多生物有重要影响。景观生态学在自然保护区规划中应当发挥重要作用。

（二）景观规划目标

自然保护区规划的目标应当是自然保护区建设总目标的具体化，要紧紧围绕自然保护区保护功能和主要保护对象的保护管理需要，坚持从严控制各类开发建设活动，坚持基础设施建设简约、实用，并与当地景观相协调，坚持社区参与管理和促进社区可持续发展。自然保护区的规划要贯彻“全面保护自然环境，积极开展科学研究，大力发展生物资源，为国家和人民造福”和“加强资源保护、积极驯养繁殖、合理开发利用”的方针。

自然保护区规划目标应当包括四方面的内容：①自然生态和主要保护对象的保护状态目标。②人类活动干扰控制目标。③工作条件和管护设施完善目标。④科研和社区工作目标。

三、自然保护区景观生态规划

自然保护区的规划中首先应当确定保护对象的价值，依据保护价值确定响应的保护等级，自然保护区的选择应当遵循一定的原则，从稀有性、典型性和多样性等角度确定保护区的性质，依据景观生态学的相关原理从斑块的面积、形状、廊道的构成等方面进行规划，从根本上起到保护区保护生物多样性的目的。

（一）自然保护区的面积与形状

1. 自然保护区的面积

根据岛屿生物学地理学理论，自然保护区面积越大越好，一个大保护区比具有相同总

面积的几个小保护区好。通常情况下，面积大的保护区与面积较小的保护区相比，大的保护区能够为物种生存提供更加良好的生境，同时生境条件更加趋于多样化，有利于更好地保护物种，大的保护区能保护更多的物种，一些大型脊椎动物在小的保护区内容易灭绝，同时，保护区的大小也关系到生态系统能否维持正常功能。

保护区的大小也与遗传多样性的保持有关，在小保护区中生活的小种群的遗传多样性低，更加容易受到对种群生存力有副作用的随机性因素的影响。物种的多样性与保护区面积都与维持生态系统的稳定性有关。面积小的生境斑块，维持的物种相对较少，容易受到外来生物干扰。在保护区面积达到一定大小后才能维持正常的功能，因此在考虑保护区面积时，应尽可能包括保护对象生存的多种生态系统类型及其相关的演替序列。

一般而言，自然保护区面积越大，则保护的生态系统越稳定，其中的物种越安全；但自然保护区的建设必须与当地的经济发展相适应，自然保护区面积越大，可供生产和资源开发的区域越小，因而会与经济发展产生矛盾，同时，为了达到自然保护区的保护目标，需要投入资金、人力和物力来维持自然保护区的运转，因此保护区面积的适宜性是十分重要的。保护区的面积应根据保护对象、目的和社会经济发展情况而定，即应以物种一面积关系、生态系统的物种多样性与稳定性以及岛屿生物地理学为理论基础来确定保护区的面积。

2. 自然保护区的形状

自然保护区的形状应以圆形或者近圆形为佳，这样可以避免“半岛效应”和“边缘效应”的产生。考虑到保护区的边缘效应，则狭长形的保护区不如圆形的好，因为圆形可以减少边缘效应，狭长形的保护区造价高，受人为影响也大，所以保护区的最佳形状是圆形。如果采用狭长形或者形状更加复杂的自然保护区，则需要保持足够的宽度。保护区过窄，则在狭长形保护区中不存在真正的核心区，这对于需要大面积核心区生存的物种而言是不利的，同时管理的成本也会加大。当保护区局部边缘破坏时，对圆形保护区和狭长形保护区的影响截然不同，圆形保护区的实际影响很小，狭长形保护区局部边缘生境的散失将影响到保护区核心内部，减少保护区核心区的面积。

在实际的自然保护区的景观生态规划时，需要考虑的因素还包括保护对象所处的地理位置、地形、植被的分布和居民区的分布等。在规划的保护区内应该尽量避免当地的人为活动对保护区内物种生存的生境的影响。

（二）自然保护区的功能分区

1. MAB 的功能分区

联合国教科文组织提出的“人和生物圈计划”（MAB）是一个世界范围内的国际科学合作规划。MAB 在计划的实施过程中提出了影响深远的生物的保护思想。根据其思想，一个合理的自然保护区应该有三个功能区组成：

（1）核心区

在此区生物群落和生态系统受到绝对地保护，禁止一切人类的干扰活动，但可以有限度地进行以保护核心区质量为目的，或无替代场所的科研活动。

（2）缓冲区

围绕核心区，保护与核心区在生物、生态、景观上的一致性，可进行以资源保护为目的的科学活动，以恢复原始景观为目的的生态工程，可以有限度地进行观赏型旅游和资源采集活动。

（3）实验区

保持与核心区和缓冲区的一致性，在此区允许进行一些科研类经济活动以协调当地居民、保护区及研究人员的关系。

2. 划定功能区边界的原则

（1）核心区

核心区的面积、形状应满足种群的栖居、饲食和运动要求；保持天然景观的完整性；确定其内部镶嵌结构，使其具有典型性和广泛的代表性。

（2）缓冲区

隔离带，隔离区外人类活动对核心区天然性的干扰；为绝对保护物种提供后备性、补充性或替代性的栖居地。

（3）实验区

按照资源适度开发原则建立大经营区，使生态景观与核心区及缓冲区保持一定程度的和谐一致，经营活动要与资源承载力相适应。

生物圈保护区的思想为自然保护区的设计规划提供了全新的思路。需要指出的是生物圈保护区只是有关自然保护区规划设计的一种思想，在具体设计操作中，如何确定各功能区的边界、如何合理设计保护区的空间格局及如何构建廊道为物种运动提供通道等，这些问题的解决必须根据其他相关学科的知识理论来完成。

（三）自然保护区生态廊道规划设计

自然保护区中的生态廊道经常用作缓冲栖息地破碎的隔离带，能够将孤立的栖息地斑块与物种种源地相联系，有利于物种的持续交流和增加物种多样性。但是廊道还可能会成为外来物种入侵的重要通道，同时也可能成为病虫害入侵的通道，这无疑会增加物种灭绝的风险，不能达到自然保护区的目的。

因此，自然保护区规划设计中对生态廊道的考虑应当基于景观本地、生境条件、保护对象特点和目标种的习性等来确定其宽度和所处的位置，特别要考虑有利于乡土生物多样性的保护。一般而言，为保证物种在不同斑块间的移动，廊道的数量应适当增加，并最好由当地乡土植物组成廊道，与作为保护对象的残存斑块的组成一致。这一方面可提高廊道的连通性，另一方面有利于残存斑块的扩展。廊道应有足够的宽度，并与自然的景观格局相适应。针对不同的保护对象，廊道的宽度有所不同，保护普通野生动物的宽度可为 1 km 左右，但保护对象为大型哺乳动物则需几千米。

在自然保护区进行廊道规划时，首先必须明确廊道功能，然后进行生态学分析。影响生境功能的限制因子很多，有关的研究主要集中在具体生境和特定的廊道功能上，即允许目标个体从一个地方到达另一个地方。但在一个真实景观上的生境廊道对很多物种会产生影响，所以，在廊道规划时，以一个特定的物种为主要目标时，还应当考虑景观变化和对生态过程的影响。保护区间的生境走廊应该以每一个保护区为基础来考虑，然后根据经验方法与生物学知识来确定。

第三节　生态视角下的湿地与乡村景观规划设计

中国是世界上湿地生物多样性最丰富的国家之一，新中国成立以来，中国湿地面临着面积缩小、调蓄功能减弱、资源单一利用、生物多样性降低、水体污染等一系列问题。加强湿地景观生态规划是解决湿地生态环境问题的基础工作。

一、湿地景观的结构与功能

（一）湿地景观的结构

湿地景观的结构指景观组成单元的特征及其空间格局。以洞庭湖区为例，湖泊湿地的景观主要由明水、沼泽、洲滩、防浪林、堤垸、农耕区、村落、环湖丘岗等景观要素组成，该湿地具有碟形盆地圈带状立体景观结构的特征，并形成3个环状结构带：

1. 内环为浅水水体湿地

水深不超过2 m的浅水域，包括湖泊、河流、塘堰和渠沟等。

2. 中环为过水洲滩地

以洪水期被淹没、枯水季节出露的河湖洲滩为主，包括湖州、河滩两个亚类。以湖州面积为主，河滩仅为少量，主要分布在荆江南岸。

3. 外环为渍水低位田

由于地下水位过高，引起植物根系层过湿，旱作物不能正常生长，适于湿生植物生长，以渍害低位田（种植水稻）为主，包括少量沼泽地及草甸地。

（二）湿地景观的功能

湿地与森林、农田、草地等生态环境一样，广泛分布于世界各地，是地球上生物多样性丰富、生产力很高的生态系统。湿地是人类最重要的环境资本之一，也是自然界富有生物多样性和较高生产力的生态系统。它不但含有丰富的资源，还有巨大的环境调节功能和生态效益。各类湿地在提供水资源、调节气候、涵养水源、均化洪水、促淤造陆、降解污染物、保护生物多样性和为人类提供生产、生活资源方面发挥了重要作用。除此之外，湿地还具有观光旅游、教育科研等社会价值。

二、威胁湿地景观的主要因素

（一）面积缩小，调蓄功能减弱

以湖泊湿地为例，与其他土地类型相比，湖边湿地内的土壤富含营养物质（氮、磷、钾），这些营养物质对农业高产非常重要。据一项研究表明，新开垦的湖边湿地土壤可高产达3年之久而无须施加任何有机或化学肥料。因此，湖区大量的湿地变成可开垦的土地。湿地的损失减少了湖泊的集水面积，减弱了湖泊的贮藏和保持水的功能，使河道扭曲，泥沙在河床淤积，影响了防洪能力。在鄱阳湖，由于湿地面积减少造成洪水泛滥，自20世纪90年代以来，每两年要发生一次洪灾，造成巨大的经济损失。另一方面，泥沙的淤积破坏了鱼类的涸游通道，使有些鱼类不能洄游到上游孵卵，导致渔业资源的退化。

（二）一些地方过度利用，而另一些地方则闲置

由于湿地资源具有多种功能，管理权限分属水利、航运、国防、渔政、农林、湖州等多个部门，不同行政管理部门具有不同的管理目标，如水产部门要发展养殖、农业部门要围垦种植、水利部门要空湖纳洪、水运部门要通航运输、湖州管理部门要发展芦苇等。地方之间、部门之间、上游与下游之间常出现矛盾，对开发价值大的天然资源采取“杀鸡取蛋、涸泽而渔”的过度利用方式，而对开发价值较低或破坏后生产力水平下降的湿地任其荒芜。

（三）水污染问题

随着工农业生产的发展和人口增长，中国许多河流、湖泊湿地遭到严重的污染。以江西鄱阳湖为例，鄱阳湖的湿地生态系统比较脆弱，它依赖的水体来源于其他河流，特别是江西境内的五大河流。随着五河流域经济发展和人口的增长，大量的工业废水和生活废水被排进五大河流，然后流入鄱阳湖内，其污染份额占湖区水污染的85%。来源于五大河流水土流失产生的悬浮物降低了水的透明度，从而抑制了水生植物的光合作用和藻类的繁殖，严重破坏了湿地的生态平衡。

三、生态视角下湿地景观规划的主要方法

湿地景观生态规划是解决湿地生态环境问题的一条重要途径。在湿地景观生态规划中要重视湿地的创建，科学制定退田还湖政策、法规，在空间布局上明确划分湿地保护区、恢复区、创建区和可转化区，针对不同的功能分区采取相应的生态工程措施。借鉴国内外湿地保护和管理方法，可将湿地景观生态规划途径分为3种。

（一）在城市景观设计中加入人工湿地

西方很早就已将人工湿地引入景观设计，利用湿地生态系统中的物理、化学和生物的三重协同作用，通过过滤、吸附、沉淀、离子交换、植物吸收和微生物降解来实现对污水的高效净化。他们经常将凹地改造成水渠或池塘用以收集雨水，再在周围种上植物，也有的用渗透性较好的材料铺地，使雨水渗入地下进行循环。这样既节约了水源，又能创造出美丽的城市景观亮点。

成都市活水公园人工湿地系统，包括厌氧池，人工湿地塘、床系统，养鱼塘系统，戏水池以及连接各个工艺的水流雕塑和自然水沟等5个部分。北京中关村生命科学园园区水系统包括6个部分：位于地下的园区内各建筑组团产生的生活和实验室污水收集系统；位于园区西北的生活污水处理室，收集的污水在这里进行2级处理；环绕园区的线状湿地系统，经过初步处理的污水缓慢绕园1周后成为干净水源；以湖泊水面、挺水植物群落为主的中央湿地；屋顶和园内绿地系统，在降雨情况下形成的径流直接进入湿地系统，在绿地需要灌溉季节，可以直接从湿地系统取水；园区和外界的水交换系统。

（二）建设湿地公园

湿地公园的概念类似于小型保护区，但又不同于自然保护区和一般意义上的公园概念。根据国内外目前湿地保护和管理的趋势，兼有物种及其栖息地保护、生态旅游和环境教育功能的湿地景观区域都可以称之为“湿地公园”，如中国香港米埔国际湿地、澳大利亚的Moreton Bay湿地公园、日本的钏路湿地国际公园。城市区域内的湖泊、河流等天然

湿地可以采用建设湿地公园的途径。

湿地公园建设和保护规划设计主要从环境生态、视觉景观、人文活动 3 个层面展开。

1. 环境生态

主要从水体保护规划、岸线保护设计、陆地保护 3 个方面进行，目的在于形成一个洁净、健康的湖泊水体。作为城市的明眸，城市湖泊是城市中自然要素最为丰富的景观区域，同时也受到外围城市人工景观的衬托。

2. 视觉景观

为了在视觉感官上保护湖泊自然景观的纯净与周边城市建设的协调，视觉景观生态规划主要考虑建筑高度的控制、风格形式、色彩、体量以及细节处理形式的统一与限定条件，还有景观时间变化控制等等，通过相应的控制与限定，最终达到规划所构想的创造一个“水面、绿地、建筑”交融的城市湖景观环境。因此，视觉景观生态规划包括景观高度的保护控制、景观风格风貌的保护控制、景观时间变化控制 3 项内容。

3. 人文活动

人文活动保护主要包括湖泊历史人文遗产的保护、人类景观活动的保存延伸两个方面，前者指玄武湖五洲及其沿岸历史遗迹、文化胜景、传说演义的开发利用，后者是指与水文化有关的风俗、民俗的保护。

（三）建设湿地自然保护区

对于大面积的天然湿地，建立自然保护区是湿地景观保护与管理的主要途径。同其他类型的自然保护区一样，湿地自然保护区通常划分为核心区、缓冲区、实验区 3 部分。由于湖泊湿地具有较高的观光旅游、教育科研等社会价值，在保护区的缓冲区可进行生态旅游活动。因此，湖泊湿地的自然保护规划往往与生态旅游规划结合在一起。

湿地自然保护区建设规划包括以下中心内容：

1. 划分景观类型

目平湖观鸟游览区内的主体景观类型分为沅江入湖口景观、内陆湖泊湿地景观、退田还湖堤垸景观、湖岸景观、岛屿与湿地景观。

2. 植被改造

为了改善目前植被的单调结构，增加景观多样性，吸引野生鸟类，并遮蔽游人活动，规划沿湖堤开展植树造林。在废堤浅水区和季节性水淹区配植水松、落羽松等耐水淹的乔木树种，恢复大型树栖鸟类巢区；堤坡上配植碧桃、垂丝海棠、小蜡树等小乔木，大红泡、金樱子、小果蔷薇等灌木；堤顶配植本地杨、柳，从而形成多层次植被结构。树种的选择除注重地带性特点和耐水淹外，也可搭配一些核果类、浆果类及果皮多肉的类型，以便吸引食果鸟类，增加色彩和美感。

3. 改造小生境

为更好地保持湿地生境，规划在堤坝缺口处建立水闸以保持枯水期垸内水文条件的稳定性；在垸内明水面适当位置建立一至两个土滩（或小岛，其植被可自然恢复），形成水陆相间地带，并投放饵料，饲养一些驯化水禽，如绿头鸭等，以招引野生鸟类；秋季开始拦网蓄水留鱼，利用网箱进行育种，汛期过后在垸内放养一些鱼虾蚌类，为水禽类提供良好觅食条件。

四、生态视角下乡村景观规划目标

（一）乡村景观生态规划的含义

乡村景观是具有特定景观行为、形态、内涵和过程的景观类型，是聚落形态由分散的农舍到提供生产和生活服务功能的集镇所代表的地区，是土地利用以粗放型为特征、人口密度较小、具有明显田园特征的景观。根据多学科的综合观点，空间分布与时间演进上，乡村景观是一种格局，是历史过程中不同文化时期人类对自然环境干扰的记录，反映着现阶段人类与环境的关系，也反映人类景观中最具历史价值的遗产。从地域范围来看，乡村景观泛指城市景观以外的具有人类聚居及其相关行为的景观空间；从构成上来看，乡村景观是由乡村聚落景观、经济景观、文化景观和自然环境景观构成的景观环境综合体；从特征上来看，乡村景观是人文景观与自然景观的复合体，具有深远性和宽广性。乡村景观包括农业为主的生产景观和粗放的土地利用景观以及特有的田园文化特征和田园生活方式，这是它区别于其他景观的关键。

乡村景观生态规划是以景观生态学为理论基础，解决如何合理地安排乡村土地及土地上的物质和空间，以创造高效、安全、健康、舒适、优美的乡村环境的科学和艺术，其根本目标是创造一个社会经济可持续发展的整体优化和美化的乡村生态景观。乡村景观生态规划的目标体现了要从自然和社会两方面去创造一种融技术和自然于一体、天人合一、情景交融的人类活动的最优环境，以维持景观生态平衡和人们生理及精神健康，确保人们生产和生活的健康、安全、舒适。

（二）乡村景观生态规划原则

乡村景观规划设计就是解决如何合理地安排乡村土地及土地上的物质和空间，并为人们创造高效、安全、健康、舒适、优美的环境。乡村景观规划的 7 大原则：建立高效人工生态系统。②保持自然景观完整性和多样性。③保持传统文化继承性。④保持斑块合理性和景观可达性。⑤资源合理开发。⑥改善人居环境。⑦坚持可持续发展原则。

对于中国高强度土地利用区的乡村景观生态规划，必须坚持 4 项原则：①实行土地集约经营，保护集中的农田斑块。②补偿和恢复景观的生态功能。③控制、节约工程及居住用地，塑造优美、协调的人居环境和宜人景观。④水山林田路统一安排，改土、治水、植树、防污综合治理。

（三）乡村景观规划中存在的问题

1. 亟待转变思想观念

在乡村的发展进程中，为了提高乡村居民的生活水平和质量，人们往往更多地关注到乡村经济、设施等方面的发展，而忽视乡村景观的发展，简单地将乡村的发展等同于向城市的发展模式靠近。不难发现，发展中的乡村大多效仿城市，把城市的一切看成现代文明的标志，使乡村呈现出城市景观。一些村庄在规划建设时，正在兴建村镇标志性建筑、广场等。一些在城市早已开始反思的做法却在乡村滋生、蔓延。殊不知，乡村居民在羡慕城市文明的同时，却往往忽视自身有价值的东西，造成传统乡土文化的消失。乡村居民还缺乏规范的规划设计观念，自行拆旧建新。大量的、缺乏设计的平顶式、甚至没有外墙装饰的建筑屡见不鲜，造成乡村建筑布局与景观混乱的现象。把景观建设简单地理解为绿化种植。

虽然一些地方有“见缝插绿，凡能绿化的地方都绿化”的意识，但不是通过规划设计，而是自作主张，完全随意行事。这些观念认识上的偏差都将导致乡村景观的低层次和畸形发展。不可否认，在乡村景观规划的发展进程中，转变人们的思想观念迫在眉睫。

2. 乡村景观规划缺乏乡土特色

乡村景观规划自然受人欢迎，但一些规划却没能与乡村的现状紧密联系。简单地把村庄用地当成白纸，要求齐刷刷“画”出“理想”的新农村景象，他们认为“规划就是要推倒重来，就是要把农村建成城市小区那样，才能让村民都过上城里人那样的小康生活”。乡村景观缺乏规范、任务又繁重，再加上时间紧、经济条件的限制，所做出的规划难免粗糙，缺乏分析研究，必然影响对“景观”问题的考虑。修宽马路、建高洋房，似乎成为村镇建设的首选模式。提高人们的生活质量和生活水平，在某种程度上是一种社会进步，但是从乡村景观的可持续发展来看是远远不够的。乡村景观规划要突出乡土特色，这是因为乡村景观作为一种风土与文化传承的场所而存在。特别是在中国这样一个具有几千年农耕文明的国度里，乡村景观所附着的风土色彩和组含的文化氛围，是任何城市环境都无法代替的。单一化的发展，使得新建村落平庸无味、千村一色。许多地区的文化景观都面临着压力，地方特色随着乡村的更新改造而逐渐褪色。

打破在地域上、历史上形成的乡村景观，会破坏原有乡村景观的和谐，造成乡土特色的丧失。这不仅会限制乡村功能的发挥，还会对乡村景观的生态保护以及传统文化景观的保护产生影响。

3. 乡村景观规划对生态的保护不够

从乡村景观规划的原则中不难看出，学者把乡村的生态环境作为一个重要因素。但由于片面追求乡村经济的增长，造成对乡村资源的不合理开发与利用，使乡村生态环境遭到不同程度的破坏。大树、河（溪）流、池塘与自然植被等是任何一个乡村地区固有的特征。然而，乡村大规模的开发建设很少考虑乡村这些所固有的自然元素。原有浓荫的大树不见了，河边、池边的自然植被被毫无生气的混凝土驳岸所取代，还出现大面积硬质铺装的广场……这一切不但使乡村失去了田园景观特色，还造成生态环境的破坏，有些破坏甚至是不可逆转的。

大面积标准化农田的建设，形成以种植业为主的单一的生产结构和简单的生态循环关系，破坏物质多级循环和重复利用的生态结构，使区域土地生态系统结构简化，不利于景观多样性的建设，不利于生态系统功能的稳定与提高。而且由于廊道固有的过滤隔离分割作用，大量田间宽马路的建成在作为人流输送和物质运送主要通道的同时，也会影响斑块间的连通性，降低连接度，造成景观的破碎化，改变景观的固有格局。景观分割往往阻碍斑块间一些陆生物种的迁移，影响营养物质和能量的交流，降低土壤的通透性，改变土壤养分、水分的运动特征，破坏水源的涵养，进而影响该区的生物多样性和生态服务功能。

（四）中国乡村景观规划的策略

1. 加快乡村景观规划的理论研究

乡村景观规划的兴起与发展推动国内乡村景观规划学科的产生，许多专家学者开始从不同的角度从事这一领域的理论研究。中国乡村景观组成的复杂性为乡村景观规划的理论研究带来很大难度。结合中国乡村景观的发展现状和特点，给不同类型的乡村景观以准确的定位，探索中国乡村景观规划的理论与方法，为乡村景观的规划实践提供科学的理论依据和技术支持，有助于乡村景观健康有序地发展。

2. 吸取国外乡村景观规划的经验

应该尽量寻找发达国家发展过程中成功的经验，避免它们走过的弯路。法国曾经一度农业贡献率急剧下降，乡镇似乎失去一切活力。而到20世纪70年代，法国城乡之间的生活条件就达到相同的水平，乡村不但拥有城市生活的一切舒适，还有城市所没有的美好环境。新型乡村空间不但有传统的农业生产功能，而且具有居住、娱乐、工业和自然保护区等多种功能。人们在乡村社会找到在城市社会所难以找到的个性化、归属感的空间。

3. 制定相关乡村景观的法规和政策并注重宣传

目前，中国实行村镇规划的一套规范和技术标准体系，涉及乡村景观层面的内容非常有限。乡村景观研究还处于起步阶段，规划建设中出现的问题实属正常现象，应进一步制定有关乡村景观规划的法规和政策，作为规划实践中执行的标准。而乡村居民大多缺乏正确的景观观念，更不清楚乡村景观规划的相关政策法规。应加强对乡村居民景观价值的宣传和教育，使他们认识到乡村景观规划建设不仅仅是改善生活环境和保护生态环境，更重要的是社会、经济、生态和美学价值与他们自身息息相关。

4. 乡村景观规划要突出乡土特色

按照规划先行的原则，统筹城乡发展。规划要尊重自然，尊重历史传统，根据经济、社会、文化、生态等方面的要求进行编制。规划的内容要体现因地制宜的原则，延续原有乡村特色，保护整体景观；体现景观生态、景观资源化和景观美学原则，突出重点，明确时序、适当超前。

不同地域都有其特殊的自然景观和地方文化，形成不同特色的乡村景观。社会的进步和经济的发展为乡土文化注入了新的内涵，没有发展就没有现代文化的产生和传统文化的延续，乡村的更新与发展正好保证乡土文化的延续，同时为新的文化得以注入提供前提。在文化整合的同时，借助乡村景观规划与建设，强调和突出当地景观的特殊性，体现当地的文化内涵，提升乡村景观的吸引力。这不仅可以使乡村重新充满生机和活力，而且对于挖掘乡村景观的经济价值，促进乡村经济结构的转型，发展乡村多种经济是非常有益的。

5. 加强乡村景观的监督与管理工作

乡村景观目前出现的一些丑陋现象，如垃圾随处可见、乱搭乱建、村民自行拆旧房建新房……这都是管理力度不够造成的。因此，乡村各级政府需要成立相应的景观监督与管理机构。对影响乡村景观风貌的违章行为和建设加以制止，而且对于建成的乡村景观进行必要的维护与管理，保持良好的乡村田园景观风貌。

（五）生态视角下乡村景观规划的重点

乡村景观生态规划通过对乡村资源的合理利用和乡村建设的合理规划，实现乡村景观优美、稳定、可达、相容和宜居的协调发展的人居环境特征。不同区域乡村景观生态规划的重点不同：城市近郊区主要是都市农业，以园艺业和设施农业为主，同时房地产市场比较活跃，景观生态规划应注意控制区域发展的盲目性和随意性；生态脆弱地区景观生态规划的重点在于景观单元空间结构的调整和重新构建，以改善受胁迫或被破坏土地生态系统的功能，如荒漠化地区的林—草—田镶嵌景观格局、平原农田区的防护林网络；长江三角洲、珠江三角洲等经济高速发达地区，人地矛盾突出，自然植被斑块所剩无几，通过乡村景观生态规划建立一种和谐的人工生态系统和自然生态系统相协调的现代乡村景观变得十分迫切。

针对中国乡村建设中资源利用不合理、生活贫乏、聚落零乱等主要问题，现阶段中国乡村景观生态规划的重点应集中在以下 5 个方面。

1. 乡村景观意象设计

乡村景观意象是人们对乡村景观的认知过程中在信仰、思想和感受等多方面形成的一个具有个性化特征的景观意境图式。从乡村景观意象规划的目的来看，重点关注乡村景观的可居性、可投入性和可进入性，体现现代乡村作为居住地、生产地和重要的游憩景观地的三大景观功能。

2. 产业适宜地带的规划

产业适宜地带的规划，是在对乡村景观进行要素分析与景观整体分析综合的基础上，依据景观行为相容性而进行的景观生态规划。乡村景观类型主要包括乡村居民点景观、网络景观、农耕景观、休闲景观、遗产保护景观等十大类 30 个小类。乡村人类行为，主要包括农业生产、采矿业、加工业、游憩产业、服务业和建筑业六大类 33 个小类。根据景观行为相容性程度分级，建立景观相容性判断矩阵，在此基础上进行产业适宜地带规划，以确定合理的景观行为体系。

3. 乡村土地利用景观生态规划

依据乡村景观存在的问题和解决途径与乡村可持续景观体系建设的原则将乡村景观划分为 4 大区域，分别是乡村景观保护区、乡村景观整治区、乡村景观恢复区和乡村景观建设区。这 4 大景观区域的划分，标志着人类活动对景观的不合理利用程度、景观区域存在的主导矛盾、景观区域在乡村景观中的价值功能所在。

4. 田园公园规划设计

田园公园是乡村旅游业发展和游憩地建设过程中的一种主题园，是以乡村景观为核心形成的自然、生产、休闲、康乐的景观综合体。田园公园的功能区通常应包括中心服务区、乡村景观观赏区、农事活动体验区、乡村生活体验区、绿色农产品品尝区、休闲度假区、公共活动区、主题园区、康体活动区等功能区。

5. 乡村聚落为核心的景观生态规划

乡村聚落为核心的景观生态规划，主要包括乡村聚落景观意象、性质和功能规划，土地利用景观生态规划与景观平衡，聚落形态及扩展空间景观生态规划，聚落规模与功能区规划，聚落体系与乡村聚落风貌塑造，乡村道路系统与交通规划，市政基础设施规划，绿地系统与生态景观环境建设规划，景观区划与区域景观控制规划，自然景观灾害控制等规划内容。

第四节　生态视角下的植物景观规划设计

一、相关概念诠释

（一）植物配置

从20世纪50年代初开设园林教育课程时，观赏树木学及园林设计学中均认可植物配置这一称谓。就是应用乔木、灌木、藤本及草本植物来营造植物景观，充分发挥植物本身形体、线条、色彩、季相等自然美，构成一幅幅动态而美丽的画面，供人们欣赏。在具体图纸上进行种植设计时，常学习画论等艺术理论，对不同株数植株的配置，要做到平面上有聚有散、疏密有致，立面上高低错落、深具画意。后来有学者提出改称植物配植，理由是植物最后是种植在地上的。从历史的观点来看，植物配置在尺度上是属于微观或是更适合营造写意园林中的私家小庭院植物景观。

（二）植物景观规划设计

改革开放以来，随着我国政治、经济、文化不断变化，国家经济实力大大提升，政府和人民的环保意识不断提高，园林建设日益受到重视，被誉为城市活的基础设施。各地纷纷争当园林城市，努力提高绿地率、人均绿地率。此外，园林项目也逐渐向国土治理靠近，如沿海地区盐碱地绿化、废弃的工矿区绿化、湿地保护及治理等。因此植物景观的尺度和范围也大大提高了。每一个城市先要进行该市的植物多样性规划，其次对任何一个园林项目在概念规划及方案设计阶段时应同步考虑植物景观的规划与设计，把植物景观正式纳入规划设计的范畴内。

（三）植物景观规划设计现状

首先，很多从事园林规划设计的人员并没有把植物景观设计视为是分内的业务。目前从事园林规划设计的人员来自多种渠道，有毕业于建筑学、城市规划、环境艺术、美术专业的，也有毕业于园艺、林学、园林、风景园林等专业的。从业人员知识背景各异，不少园林设计师缺乏植物分类、生态学、生长发育特性及植物地理分布的知识。由于不熟悉植物，导致了整个设计主要在概念上下功夫，大量运用国外的设计理念，如极简主义、架构主义等，但是缺乏对其是否符合我国国情的分析。其次目前项目往往小则数十公顷，大则数百公顷，面积大、尺度大，小尺度的植物配置及植物造景已不能适应了。由于园林建设的主要目的是改善人居环境，将生态效益放在首位，而此项任务只能由活体的植物来完成，而且任何一个项目，植物景观的比例往往要占70%～80%，由此可见，园林规划设计人员熟悉植物景观规划设计是何等重要。再次，植物景观是营造空间的要素之一，常用其来围合空间、分隔空间，尤其是植物结合地形分隔空间可以事半功倍，完善仅靠地形和建筑营造空间的效果。

任何一个绿地类型的项目在概念设计阶段就要同时考虑到植物景观，不能做完方案再来填充植物。目前常提及的“生态”“生物多样性”“可持续利用”都要通过植物景观规划设计来完成。因此在竖向设计、空间组合等方面，首先要考虑到营造有利于植物生长的生态环境，来实现植物景观规划设计的科学性、文化性、艺术性及实用性。

综上所述，首先要明确园林植物景观规划设计是从事园林规划设计人员必备的知识及设计的内容，不要寄希望于他人来完成。其次从园林行业发展来看，过去的植物配置和植物造景的概念需要提升到规划的层面。而对于我们先辈通过辛勤劳动留下的传统古典园林艺术瑰宝，诸如师法自然，虽由人作、宛自天开，小中见大，步移景异，诗情画意，情景交融及含义丰富的花文化、比德思想等都是为国外同行所称道和学习的，这些宝贵精华可以在大尺度项目中各节点得以体现。最后，随着政治、经济、文化的不断发展变化，世界各国园林文化的相互交流及渗透非常必要。当今我国园林的范围、项目的尺度、综合功能中的主次都有极大的变化。

二、植物景观规划设计的原则

（一）科学性

科学性是植物景观规划设计文化性、艺术性、实用性的基础，没有科学性其他一切都不存在了。科学性的核心就是要符合自然规律。因此师法自然是唯一正确的途径。最忌在南方设计北国植物景观，或在北方滥用南方树种，这种做法没有不失败的。既然要师法自然，就要熟悉自然界的南、北植物种类及自然的植物景观，如密林、疏林、树丛、灌丛、纯林、混交林、林中空地、林窗、自然群落、草甸、湿地等。由于南北各气候带的自然植物景观及植物种类差异很大，不同海拔植物景观及植物种类也迥然不同，所以要顺应自然。但也有特例，如西安与北京同属暖温带，西安北靠秦岭，因此形成了良好的小气候环境，竟然有近60种常绿阔叶植物生长良好，可以恰当地应用这些植物，以体现北亚热带植物景观。一些中亚热带城市如温州、柳州、重庆及云南的澄江，露地生长的棕榈科植物竟有八九种之多，多数榕属树种也生长良好，一些原产热带、南亚热带的开花藤本，诸如三角花、炮仗花、大花老鸦嘴、西番莲均能生长良好，安全过冬，因此为营建热带或南亚热带植物景观奠定了物质基础。

目前营建湿地项目越来越多，在植物景观规划设计时应首先注意建立食物链、生物链，形成科学的湿地生态系统。如重庆的白鹭山庄，大树上群居着数百只白鹭，因为山庄前有水稻田、河流，为它们提供了泥鳅、螺蛳、小鱼、虾等食物。一些飞禽除觅食昆虫外，对一些可食的观果植物也很钟爱，如苦楝、火棘、桑、柿、杏、毛樱桃、樱桃、山里红、枇杷等。蜜蜂则喜采集槐、刺槐、枣、椴树、荆条等植物的花蜜。蝴蝶幼虫及成虫最爱觅食具有精油细胞的叶片及花香花蜜的植物，如云南蝴蝶泉边群集蝴蝶的是一棵合欢，四周有黄连木、香樟、阴香，过去还有大量的柑橘，但由于后来大量施用农药，蝴蝶几乎绝迹。而诸如一串红、一串蓝、红蓼、龙船花、细叶萼距花、五色梅等均是蝴蝶成虫钟爱的花卉。

（二）艺术性

植物景观规划设计同样遵循着绘画艺术和造园艺术的基本原则，即统一、调和、均衡和韵律四大原则。

1. 统一

也称变化与统一或多样与统一的原则。进行植物景观规划设计时，树形、色彩、线条、质地及比例都要有一定的差异和变化，显示多样性，但又要使它们之间保持一定的相似性，产生统一感。这样既生动活泼，又和谐统一。变化太多，整体就会显得杂乱无章，甚至一些局部感到支离破碎，失去美感。过于繁杂的色彩会容易使人心烦意乱，无所适从。但平铺直叙，没有变化，又会单调呆板。因此要掌握在统一中求变化，在变化中求统一的原则。

运用重复的方法最能体现植物景观的统一感。如街道绿化带中行道树绿带，用等距离设计同种、同龄乔木树种，或在乔木下设计同种、同龄花灌木，这种精确的重复最具统一感。一座城市中树种规划时，分基调树种、骨干树种和一般树种。基调树种种类少，但数量多，形成该城市的基调及特色，起到统一作用；而一般树种，则种类多，每种数量少，五彩缤纷，丰富植物景观，起到变化的作用。

2. 调和

即协调和对比的原则。植物景观设计时要注意相互联系与配合，体现调和的原则，让人产生柔和、平静、舒适和愉悦的美感。找出近似性和一致性，才能产生协调感。相反地，用差异和变化可产生对比的效果，具有强烈的刺激感，让人产生兴奋、热烈和奔放的感受。因此，植物景观规划设计中常用对比的手法来突出主题或引人注目。

当植物与建筑物组景时要注意体量、重量等比例的协调。如广州中山纪念堂主建筑两旁各用一棵庞大的、冠径达 25 m 的白兰花与之相协调；南京中山陵两侧用高大的雪松与雄伟庄严的陵墓相协调；英国勃莱汉姆公园大桥两端各用由 9 棵椴树和 9 棵欧洲七叶树丛植组成似一棵完整大树与之相协调，高大的主建筑前用 9 棵大柏树紧密地丛植在一起，形成外观犹如一棵巨大的柏树与之相协调。一些粗糙质地的建筑墙面可用粗壮的紫藤等植物来美化，但对于质地细腻的瓷砖、马赛克及较精细的耐火砖墙，则应选择纤细的攀缘植物来美化。南方一些与建筑廊柱相邻的小庭院中，宜栽植竹类，竹竿与廊柱在线条上极为协调。一些小比例的岩石园及空间中的植物景观设计则要选用矮小植物或低矮的园艺变种。反之，庞大的立交桥附近的植物景观宜采用大片色彩鲜艳的花灌木或花卉组成大色块，方能与之在气魄上相协调。

3. 均衡

这是在景观设计时植物布局所要遵循的原则。将体量、质地各异的植物种类按均衡的原则组景，景观就显得稳定、顺眼。如色彩浓重、体量庞大、数量繁多、质地粗厚、枝叶茂密的植物种类，给人以凝重的感觉；相反，色彩素淡、体量小巧、数量简易、质地细柔、枝叶疏朗的植物种类，则给人以轻盈的感觉；根据周围环境，在设计时有规则式均衡（对称式）和自然式均衡（不对称式）。规则式均衡常用于规则式建筑及庄严的陵园或雄伟的皇家园林中。如门前两旁设计对称的两株桂花；楼前设计等距离、左右对称的南洋杉、龙爪槐等；陵墓前、主路两侧设计对称的松或柏等。自然式均衡常用于花园、公园、植物园、风景区等较自然的环境中。一条蜿蜒曲折的园路两旁，路右若种植一棵高大的雪松，则邻近的左侧须植以数量较多，单株体量较小，成丛、成片的花灌木，以求均衡。

4. 韵律和节奏

植物景观有规律的变化，就会产生韵律感。杭州白堤上间棵桃树间棵柳就是一例。又如数十里长的分车带，取其 2 km 为一段植物景观设计单位，在这 2 km 中应用不同树形、色彩、图案、树阵等设计手法尽显其变化及多样，以后不断同样的重复，则会产生韵律感。

三、生态景观下主要的园林植物

园林植物景观中艺术性的创造极为细腻而复杂。诗情画意的体现需要借鉴于美学艺术原理及古典文学，巧妙地运用植物的形体、线条、色彩、质地进行构图，并通过植物季相及生命周期的变化，使之成为一幅动态的景观画卷。

园林植物景观的艺术，体现在实践与理论两个方面：一是要遵循造型艺术的基本原则，即多样统一、对比调和、对称均衡和节奏韵律等；二是各种景观植物之间在色、香、形等方面的相互配合。

园林植物是园林树木及花卉的总称，涵盖了所有具景观价值的植物。按通常园林应用的分类方法，园林树木一般分为乔木、灌木、藤本三类；花卉是有景观价值的草本植物、草本或木本的地被植物、花灌木、开花乔木及盆景等。

园林植物就其本身而言是有形态、色彩、生长规律的生命活体，同时又是一个象征符号，是具有长短、粗细、色彩、质地等的景观符号元素。

在实际应用中，常把园林植物作为景观材料分成乔木、灌木、草本花卉、藤本植物、草坪以及地被六种类型。每种类型的植物构成了不同的空间结构形式，这种空间形式既有单体的，也有群体的。

园林植物根据其景观特性可分为观树形、观叶、观花、观果、观芽、观枝、观干及观根等类。本书以植物景观特性及其园林应用为主，结合生态特性进行综合分类，主要有以下类别。

（一）树木

园林树木包括乔木、灌木和藤本，很多具有美丽的花、果、叶、枝或树形。按园林树木在园林景观中的用途和应用方式可以分为：庭荫树、行道树、孤赏树、花灌木、绿篱植物、木本地被植物和防护植物等。根据植物的景观特性分类如下。

1. 观形类

（1）按树干、树枝分枝特点分

园林树木分枝的角度和长短会影响到树形，同时，树叶较为稀疏的树木由于树叶不足以遮盖所有的干或枝，因此树枝的形态对树木的景观价位有很大影响，常见的如南方的相思树、水杉，北方的杨树等。另外，在长江中下游地区或者更北一些的地方，随着城市园林景观建设要求的提高和冬季采光的需求，彩色观叶树木被大量使用，因此园林树木中落叶树种占有的比例有增大的趋势，它们的树干、枝条等形态是冬季树木景观的重要观赏点。园林树木按树干、树枝分枝特点可分为以下几种：

①单轴式分枝主干明显而粗壮，侧枝附属于主干

如主于高生长大于侧枝横生长，则形成柱形、塔形的树冠，如箭干杨、新疆杨、钻天杨、台湾桧、意大利丝柏、柱状欧洲紫杉等。如果侧枝的延长生长与主干的高生长接近，则形成圆锥形的树冠，如雪松、冷杉、云杉等。

②假二叉分枝侧枝优势强，主干不明显

如果高生长稍强于侧向的横生长，树冠成椭圆形，相接近时则成圆形，如丁香、馒头柳、千头椿等。如横向生长强于高生长时，则成扁圆形，如板栗、青皮槭等。

③合轴式分枝最高位的侧芽代替顶芽高生长，主干仍较明显，但多弯曲

由于代替主干的侧枝开张角度的不同，形成了不同的树冠形状。较直立的就接近于单轴式的树冠，较开展的就接近于假二叉式的树冠。因此合轴式的树种树冠形状变化较大，多数成伞形或不规则树形，如悬铃木、柳、柿等。

对于枝叶稀疏的园林树木，分枝形态是重要的景观，在冬季或落叶期更是主要的景观。大多数园林树木的发枝角度以直立和斜出者为多，但有些树种分枝平展，如曲枝柏、吉松等。有的枝条纤长柔软而下垂，如垂柳。有的枝条贴地平展生长，如初地柏等。酒瓶椰子树干如酒瓶，佛肚竹的树干如佛肚。白桦、白桜、粉枝柳、考氏悬钩子等枝干发白。红瑞木、沙莱、青藏悬钩子、紫竹等枝干红紫色。俵棠、竹、梧桐及树龄不大的青杨、河北杨、毛白杨枝干呈绿色或灰绿色。山桃、华中樱、稠李的枝干呈古铜色。黄金间碧玉竹、金镶玉竹、金竹的竿呈黄绿相间色。白皮松、榔榆、斑皮袖水树、豺皮樟、天目木姜子、悬铃木、天目紫茎、木瓜等干皮斑驳呈杂色。

（2）按树形特点分

园林植物姿态各异，千变万化。不同姿态的树种给人以不同的感觉：高耸入云或波涛起伏，平和悠然或苍虹飞舞。其与不同地形、建筑、溪石相配植，则景色万千。根据园林树木的整体树形，通常可分为：①圆柱形：如箭杆杨等。②尖塔形：如雪松等。③卵圆形：如加拿大杨等。④倒卵形：如千头柏等。⑤球形：如五角槭等。⑥扁球形：如板栗等。⑦钟形：如欧洲山毛榉等。

2. 观花类

花为植物最重要的景观特性，其分类如下：

（1）按花的开放时间分

春季开花：白玉兰、玉兰、黄馨等。

夏季开花：合欢、栀子、金丝桃等。

秋季开花：桂花等。

冬季开花：蜡梅、茶梅等。

四季开花：杜鹃、月季、山茶等。

（2）按花形的特点分

有些园林植物花形奇特，景观价值很高，如旅人燕、牡丹、鹤望兰等。有的园林树木带有香味，如桂花、梅花、含笑、木香、栀子花、月季、米兰、九里香、木本夜来香、暴马丁香、茉莉、鹰爪花、柑橘类等。

（3）按花色分

红色花：如梅花、木槿、月季、山茶、茶梅等。

粉红色花：如桃花、樱花，牡丹等。

紫色花：如紫玉兰、紫薇、紫花羊蹄甲、丁香等。

白色花：如白玉兰、银桂、广玉兰等。

黄色花：如云南黄馨、迎春、金丝桃、金桂、蜡梅等。

绿色花：如绿梅、绿月季等。

杂色花：如杜鹃、茶花、月季等。

不同花色组成的绚丽色块、色斑、色带及图案，这在配植中极为重要，有色有香则更是上品。在景观设计时，可配植成色彩园、芳香园等。

3. 观叶植物

很多植物的叶片极具特色。巨大的叶片如槟榔，可长达 5 m，宽 4 m，直上云霄，非常壮观。其他如董棕、鱼尾葵、巴西棕、高山蒲葵，油棕等都有巨叶。浮在水面的巨大王莲叶犹如一大圆盘，可承载幼童。叶片奇特的有山杨、羊蹄甲、马褂木、蜂腰洒金榕、旅人蕉、含羞草等。彩叶树种更是不计其数，如紫叶李、红叶桃、紫叶小檗、变叶榕，红桑、红背桂、金叶桧、浓红朱蕉、菲白竹、红枫、新疆杨、银白杨等。此外，还有众多的彩叶园艺栽培变种。

（二）花草

1. 宿根花卉

宿根花卉，指地下部器官形态未变态成球状或块状的多年生草本植物。在寒冷地区，地上部分容易枯死，第二年春季又从根部萌发出新的茎叶，生长开花，这样能连续生长多年。如菊花、非洲菊、玉簪、芍药等；也有的地上部分能保持常青的，如万年青、兰花、一叶兰、文竹、吊兰等。

宿根花卉包括耐寒性和不耐寒性两大类。耐寒性宿根花卉能够露地安全越冬，如芍药、鸢尾等。在秋冬季节时候，地上的茎、叶等部分随之全部枯死，当到温暖的春季来临之后，地下部分萌生新的芽或根蘖，进而生长出新的植株。不耐寒性宿根花卉大多原产于温带地区以及热带、亚热带地区。在冬季或温度过低时植株会死亡，而在温度较低时生长受抑制而停止，但叶片仍保持绿色，呈半休眠状态，如鹤望兰、红掌、君子兰等。

常用于园林植物景观的宿根花卉有：菊花、香石竹、芍药、鸢尾属花卉、秋海棠属花卉、大金鸡菊、玉簪、天竺葵、长春花、文竹、天门冬、君子兰属花卉、锥花丝石竹、非洲菊、花烛属花卉、补血草属花卉、鹤望兰、荷包牡丹、宿根福禄考、萱草、荷兰菊、紫松果菊。

2. 球根花卉

球根花卉指根部呈球状，或者具有膨大地下茎的多年生草本花卉。冬季地上部分枯萎，但地下的茎或根仍保持生命力，翌年仍能继续发芽、展叶并开出鲜艳的花朵。球根花卉种类丰富，花色艳丽，花期较长，如荷兰的郁金香、风信子，日本的麝香百合，中国的水仙和百合等。球根花卉常用于花坛、花境、岩石园、基础栽植、地被、水面美化（水生球根花卉）和草坪点缀等。

按照地下茎或根部的形态结构，大体上可以把球根花卉分为下面五大类：①鳞茎类如水仙花、郁金香、朱顶红、风信子、文殊兰、百子莲、百合等。②球茎类如唐菖蒲、小苍兰、西班牙鸢尾等。③块茎如白头翁、花叶芋、马蹄莲、仙客来、大岩桐、球根海棠、花毛莨等。④根茎如美人蕉、荷花、姜花、睡莲、玉牌等。⑤块根类如大丽花等。

3. 岩生植物

岩生植物是指适宜在岩石园中种植的植物材料。岩石园则以岩石植物为主体，按各种岩石植物的生态环境要求配置各种石块，理想的岩石植物多喜旱或耐旱、耐瘠薄土，适宜在岩石缝隙中生长，一般为生长缓慢、生活期长、抗性强的多年生植物，能长期保持低矮而优美的姿态，世界上已应用的岩石植物约有2000~3000余种，主要包括以下几大类：

（1）苔类植物

大多为阴生、湿生植物，其中很多种类能附生于岩石表面，起点缀作用，使岩石富有生机。

（2）蕨类植物

常与岩石伴生，或为阴性岩石植物，是一类别具风姿的观叶植物。如石松、卷柏、铁线蕨、石韦、岩姜蕨和抱石莲、凤尾蕨等。

（3）裸子植物

多为乔木，可作岩石园外围背景布置。如矮生松柏植物中的铺地柏和铺地龙柏等。

（4）被子植物

包括一些典型的高山岩石植物。如石蒜科、百合科、鸢尾科、天南星科、酢浆草科、凤仙花科、秋海棠科、马兜铃科的细辛属、兰科、虎耳草科、堇菜科、石竹科、桔梗科，菊科的部分属、龙胆科的龙胆属、报春花科的报春花属、毛茛科、景天科、苦苣苔科、小檗科、黄杨科、忍冬科的六道木属和英城、杜鹃花科、紫金牛科的紫金牛属、金丝桃科的金丝桃属、蔷薇科的子属、火棘属、蔷薇属和绣线菊属等。

4. 草坪植物

草坪植物多属于多年生植物，按其形态特征又可分为宽叶类与狭叶类两大类。

（1）宽叶类茎

粗叶宽，适应性强，常见栽培的有结缕草、假俭草等。

（2）狭叶类茎

叶纤细，呈绒毯状以形成致密的草坪，常见的有红顶草、早熟禾、野牛草等。

5. 其他地被植物

这是指除草坪以外，铺设于裸露平地、坡地、阴湿林下或林间隙地等处的覆盖地面的多年生草本植物和低矮丛生、枝叶密集、偃伏性或半蔓性的灌木以及藤本植物。地被植物的分布极为广泛，大致可分为以下几类：①一二年生草本其花鲜艳，大片群植形成大的色块，能渲染出热烈的节日气氛。如：红花酢浆草、三色堇等。②多年生草本宿根性，见效快，色彩万紫千红，形态优雅多姿。如：吉祥草、石蒜、葱兰、麦冬、鸢尾类、玉簪类、萱草类等。③蕨类植物适合在温暖湿润处生长。如：铁线蕨、肾蕨、凤尾蕨、波士顿蕨等。④蔓藤类植物常绿蔓生、具攀缘性及耐阴性强的特点。如：扶芳藤、常春藤、油麻藤、爬山虎、络石、金银花等。⑤亚灌木类植株低矮、分枝众多且枝叶平展，枝叶的形状与色彩富有变化，有的还具有鲜艳果实。如：十大功劳、小叶女贞、金叶女贞、红继木、紫叶小檗、杜鹃、八角金盘等。⑥竹类具有生长低矮、匍匐性强、叶大、耐阴等优点。如：箬竹、倭竹等。

四、园林植物景观的构图

（一）树木景观构图

园林树木景观形式大致可以分为自然式和规则式两种。自然式配植以模仿自然、强调变化为主，具有活泼、愉快的自然情调，有孤植、丛植、群植等。规则式配置，多以某一轴线为对称或成行排列，强调整齐、对称为主，给人以强烈、雄伟、肃穆之感，有对植、行列植等。在城市园林地中，由于各个种植地的具体条件不同，树木景观形式也多种多样。当然，同样的地块可能组合多种树木景观式样。总之，树木景观模式有树木的株数组合、树木的密度组合、规则式组合、自然式组合、带状、空中轮廓线表现、断面构成、景观构成等方面。

1. 树木的株数组合

（1）一株（孤植）

单一栽植的孤立木，作为园林绿地空间的主景树、遮阴树、目标树等，主要表现单株树的形体美。因此，首先，应该选择体形高大、枝叶茂密、树冠开展、姿态优美的树种；其次，要选择景观价值较高的树种；最后，还要选择适生、健壮、长寿、病虫害少的树种。常见的孤植树种有：雪松、银杏、枫香、榕树、柏木、香樟、槐树、悬铃木、柠檬核、无患子、枫杨、七叶树、麻栎、云杉、南洋杉、苏铁、罗汉松、黄山松、白皮松、白桦、元宝枫、鸡爪槭、乌桕、凤凰木、樱花、紫薇、梅、广玉兰等。

（2）对植

用两株或两丛树分别按一定的轴线左右对称的栽植称为对植。对植多在公园、大型建筑的出入口两旁或纪念物、蹬道石级、桥头两旁，起烘托主景的作用，或形成配景、夹景，以增强透视的纵深感。对植多用在规则式绿地布置中。对植要求树种和规格大小相一致，两树的位置连线应与中轴线垂直，又被中轴线平分。

（3）丛植

三株或以上株数树木成丛栽植。

（4）群植

较大数量（20~30 株）的乔、灌木按一定构图方式种在一起称为群植。树群可做主景或背景使用，两组树群相靠近还可以起到透景、框景的作用，在大规模的绿地中，还可以加强或减弱地势起伏变化。树群最好以常绿乔木为上层，小乔木或灌木群为第二层，外围植以低矮的灌木。也可用小树配植，如早期用落叶乔木为上层，以阴性常绿树为第二层，等到两层生长接近时再另外补种落叶小乔木，作为第一层，即可获得一定的稳定性。林中可开设天窗，以利光线进入，增加游人兴趣。

2. 树木的密度组合

（1）散植

树木栽植的株距较大，树冠不郁闭，适于小面积地块。

（2）密植

树木栽植的株距较小，树冠郁闭，连成片，适于小面积栽植。

（3）散开林

在广场上分散栽植的独立树，适宜大规模地块。

（4）疏林

林中的下木被伐，人们可以进入林中或在树荫下休息，适宜大规模地块。

（5）密生林

树木茂密生长，人们不易进入林中休息，适宜在大规模地块上种植。

(6) 密植散生

密植的树林，呈块状分布，上层和下层树木都能生长很好。

(7) 密生到散生

在地块中树木栽植密度由密生到散生。

(二) 花草景观构图

在城市园林植物景观中，常用各种草本花卉创造形形色色的花池、花坛、花境、花台、花箱等。多布置在公园、交叉路口、道路广场、主要建筑物之前和林荫大道、滨河绿地等景观视线集中处，起着装饰美化的作用。

1. 花池

由草皮、花卉等组成的具有一定图案画面的地块称为花池，因内部组成不同又可以分为草坪花池、花卉花池、综合花池等。

(1) 草坪花池

一块修剪整齐而均匀的草地，边缘稍加整理，或布置成行的瓶饰、雕像、装饰花栏等。它适合布置在楼房、建筑平台前沿，形成开阔的前景，具有布置简单、色彩素雅的特点。

(2) 花卉花池

在花池中既种草又种花，可利用它们组成各种花纹或动物造型。池中的毛毡植物要常修剪，保持4~8cm的高度，形成一个密实的覆盖层。适合布置在街心花园、小游园和道路两侧。

(3) 综合花池

花池中既有毛毡图案，又在中央部分种植单色调低矮的一二年生花卉。如把花色鲜艳的紫罗兰或福禄考等种在花池毛毡图案中央，鲜花盛开时就可以充分显示其特色。

2. 花坛

外部平面轮廓具有一定几何形状，种以各种低矮的景观植物，配植成各种图案的花池称为花坛。根据设计的形式不同，可分为独立花坛、带状花坛、花坛群，根据种植的方式不同，又可分为花丛花坛和模纹花坛。

(1) 独立花坛

这是内部种植景观植物，外部平面具有一定几何形状的花坛，常作为局部构图的主体。长轴与短轴之比一般小于2.5。多布置在公园、小游园、林荫道、广场中央、交叉路口等处，其形状多种多样。由于面积较小游人不得入内。

(2) 带状花坛

花坛平面的长度为宽度的3倍以上。较长的带状花坛可以分成数段，形成数个相近似的独立花坛连续构图。多布置在街道两侧、公园主干道中央，也可作配景布置在建筑墙垣、广场或草地边缘等处。

(3) 花坛群

由许多花坛组成一个不可分割的构图整体称为花坛群。中心部位可以设置水池、喷泉、纪念碑、雕像等。常用在大型建筑前的广场上或大型规则式的园林中央，游人可以入内游览。

五、园林植物景观规划设计的方法

中国园林艺术中的意境空间，是在优美的自然空间基础上，利用象征和题咏相结合的文化手法，使观赏者产生想象的思维空间。从而达到意、境间的有机结合。意、境间的配合又是以景观设计与点景来完成，其中景观设计是基础、点景是神笔，景观奇美，点景才能发挥画龙点睛、锦上添花的神奇功效。如：窗外花树一角，即折枝尺幅；庭中古树三五，可参天百丈。

20世纪80年代后我国城市园林绿地建设发生了显著变化，园林植物的物象构成趋于简洁明朗，草地与疏林草地的所占比例大大提高，意境的表达趋于简洁明了，草坪上的孤植树木更为突出醒目，地被植物的形态、色彩和组合变化更为彰显，这些在表现城市绿地整体美中起主导与协调作用。

（一）物象芳华

物象芳华是园林树木意境表达中应用范围最广、视觉感受最强的景观元素。花木姿态即物象，是中华民族文化在园林树木景观上的一大审美特色。姿形奇特、冠层分明的松柏，悬崖破壁，昂首蓝天；枝繁叶茂、盘根错节的杜鹃，穿石钻缝，花若云锦；攀岩附石的藤木，满目青翠，一派生机。

园林树木本身的姿态线条，或柔和或拙朴，从中均可体会到中国传统诗文绘画的含蓄之美。如网师园的看松读画轩，以远山近水、轩亭曲桥为伍，突显圆柏和罗汉松的如画树姿，天趣自成。如苏州拙政园的梧竹幽居，位于水池尽端，对山面水，后置一带游廊，广栽梧、竹，构成一凤尾森森，龙吟细细的幽静之地。

植物群落或个体所表现的形象，通过人们的感官，可以产生一种实在的美感和联想。池水荡漾缥缈，虽有广阔深远的感受，但若在池畔、水边结合池杉的姿态、色彩来建植组景，可使水景平添几多参差。地形改造中的土山若起伏平缓、线条圆滑，则可用园林树木的形态、色彩来改变人们对地形外貌的感受而使之有丰满之势。

（二）季相节律

季相节律在增强景观效果的审美情趣中具有突出的视觉功能。《花镜》序中写道："春时：梅呈人艳，柳破金芽，海棠红媚，兰瑞芳夸，梨梢月浸，桃浪风斜，树头蜂报花须，香径蝶迷林下。一庭新色，遍地繁华。夏日：榴花烘天，葵心倾日，荷盖摇风，杨花舞雪，乔木郁蓊，群葩敛实。篁清三径之凉，槐荫两阶之灿。紫燕点波，锦鳞跃浪，秋令：金风播爽，云中桂子，月下梧桐，篱边丛菊，沼上芙蓉，霞升枫柏，雪泛荻芦。晚花尚留冻蝶，短砌优噪寒蝉。冬至：于众芳摇落之时，而我圃不谢之花，尚有枇杷黑玉，蜡瓣舒香。茶苞含五色之葩，月季呈四时之丽。檐前碧草，窗外松筠，怡情适志。"

季相彩叶树种，是园林树木景观建植中数量类型最为繁多、色彩谱系最为丰富、生态景象最为显著、选择应用最为广泛的资源。秋色叶树种的主流色系有红、黄两大类别，树种类型较丰富。秋叶金黄的著名树种有金钱松、银杏、无患子、七叶树、马褂木、杨树、柳树，槐树、石榴等。秋叶由橙黄转赭红的树种主要有水杉、池杉、落羽杉等。秋叶红艳的树种有榉树、乌柏，丝棉木、重阳木、枫香、漆树、槭树、栎树等。

（三）情感比拟

我国古代文化中很多诗词及民众习俗中都留下了赋予植物人格化的优美篇章。从欣赏植物景观形态美到意境美是欣赏水平的升华，不但含意深远，而且达到了天人合一的境界。由于我国传统文化对于园林艺术的影响，以植物材料“比德”在植物景观设计中也带有了明显的强烈的个人感情色彩。根据传统文化的内涵，不同树木代表了不同的性格特征。

传统的松、竹、梅配植形式，谓之岁寒三友，常用于烈士陵园，纪念革命先烈。梅兰竹菊四君子，兰被认为最雅。荷花被视作“出淤泥而不染，濯清涟而不妖”。桂花在李清照心目中更为高雅：“暗淡轻黄体性柔，情疏迹远只香留，何须浅碧深红色，自是花中第一流。梅定妒，菊应羞，画栏开处冠中秋。骚人可煞无情思，何事当年不见收”。此外，桃花在民间象征幸福，交好运，翠柳依依，表示惜别及报春，桑和稗表示家乡等。

第九章　乡村水体造景的体现

第一节　水体造景设计概述

水体环境指的是原始的水域环境以及陆域与水域相连的一定区域，一般包括同海、湖、江、河等水域濒临的陆地边缘地带环境。水体造景由水域、过渡域和周边陆域三部分的景观构成。水域的景观主要决定于水域的平面尺度、水深、流速、水质、水生态系统、地域气候、风力、水面的人类活动等要素；过渡域的景观基本是指岸边水位变动范围内的景观；水域周边的陆域景观则主要决定于地理景观。

水体造景的构成也就不单单指水域本身的景物景观，它还包括人的活动及其感受等主观性因素。从这个角度来看，又可以说水体造景是由自然水体景观、人造水景、滨水植物景观构成的。以下就水体造景的作用、自然水景景观、人造水景和滨水植物景观的设计进行简要分析。

一、水体造景的作用

在景观环境的系统中，水体造景的作用非常独特和重要。了解这些作用，无疑会帮助我们理解水体造景的原则，从而形成正确的设计理念。下面我们从物质和精神两个方面来进行阐述。

首先，水体造景的物质层面作用。水是生命之源，在自然环境中引人水景观，可以滋养土地，增加空气的湿度，有益园林景观植物的生长。并且，水体自身与周围环境易于形成完整的微生态循环系统，增强景观环境存在的可持续性。

同时，水是比热容最大的物质，相比空气和地表有着加热和冷却都较慢的特点。在景观中的水体可以通过蒸发，在不利气候条件下起到调节温度的作用，并形成相对舒适宜人的小气候环境。另外，凝结在空气中的雾状水滴还可以吸附尘埃，起到净化空气的作用。

其次，水体造景的精神层面作用。在景观环境中，水体造景往往会成为最受欢迎的区域，这不仅因为其具有上文所述的诸多物质层面的优势，还源于人类自身对水景观自然的亲和力。计成在所著的《园冶》中写道：“江干湖畔，深柳疏芦之际，略成小筑，足征大观也。悠悠烟水，澹澹云山，泛泛渔舟，闲闲鸥鸟。漏层阴而藏阁，迎先月已登台。拍起云流，觞飞霞伫。何如缑岭，堪谐子晋吹箫，欲拟瑶池，若待穆王侍宴。寻闲是福，知享是仙。”不仅表达出自己对水际长天的热爱，也反映了古人将水景与美好的瑶池仙台相联系的审美倾向。

从很多设计实践中也可以看出，水不仅可以愉悦人们的身心，水景观的色彩、流向、倒影还会大幅度地增加景观环境的变化，使气氛更活跃，而叠水、瀑布和喷泉所带来的水声又会使景观充满动感。

二、自然水景的设计

自然水景天然形成，它以自然水资源为主体，与地表的各种要素，如土地、山体、岩石、草原等在千百年甚至若千亿年的时间里逐渐融合在一起，并且在顺应不同自然地势中形成了千姿百态、丰富多彩的水体景观。例如，敦煌著名的月牙泉，是依托沙漠而形成的。自然水景景观以观赏为主，人类活动的介入必须以保护环境、维护生态平衡为前提，将水与生态环境当作有联系的整体进行审美观赏。

在对自然界的水体进行规划营造时，应以“依势而建，依势而观”为原则，即以保留水体原有的主体形态为主，抓住其主要景观特征，在有必要的地方增设部分人工观景及功能设施，如根据游览线路进行局部改造与调整，设桥、岛、栈道、平台等。

三、人造水景的设计

俗话说“水无常形”。在景观环境中，水景观的形式种类是非常多样化的，我们可以根据水景观的存在和运行方式将其分为几种基本类型，从而更加明确水体造景的应用方法和规律。

人造水景根据场地的功能需要以及设计构思，极力模仿、提炼、概括、升华自然水景，以此提升景观的意境感受，获得丰富的表现力。各种形式的人造水景在现代景观设计中运用非常广泛，设计师设计的水体造景主要是人造水景。

（一）人造水景设计的形式

按照设计意图，人造水景可用于灵活划分空间、有序组织空间，在不同位置体现分隔、联系、防御的功能。人造水景的设计形式主要有静水、流水、跌水、落水、喷泉等。在这些设计形式中，从空间特征来讲，静水、流水只能形成二维的平面景观空间，跌水、落水、喷泉等则形成具有垂直界面的三维空间，由此形成景观视线的障景。

1. 静水

静态水体又称止水，指不流动的水体景观，可大可小，大可数顷，小则一席见方，如广泛存在于湖泊、水潭、人工湖、水池等环境的水景观，其稳定的特征有利于形成完整而平衡的生态系统，开放的水面则易于表现宁静、平和的环境氛围。止水景观不管深浅、大小，都会通过浮动的倒影与周围环境完美融合，并且营造出亦真亦幻、引人入胜的氛围。

静水的设置既可集中也可分散，聚则辽阔，散则迂回。静水面开凿、挖掘的位置，或者是地势低洼处，或者是重要位置。大型静水面为了增加层次与景深，多要进行划分的设计，如设置堤、岛、桥、洲等。小型静水面则可采用规则式水池的形式，由于水面可以产生投影，静水空间也就因此获得了开阔之感。同时，水中产生的倒影极富吸引力，因此成为静水面的一道独特的景观。

但是，静水景观容易混浊，还会出现有害细菌、藻类、蚊虫等情况，为保持水体的清澈度，经常需要投入大量的维护成本；而且，在北方地区的人工水池还必须解决冬季封冻的问题，这些都是应用时需考虑的。

2. 流水

流水又称动态水体，主要指存在于江河、溪涧、沟渠之中的流动性水体。在景观中，流水往往会通过蜿蜒曲折的河道，以自由、奔放的形态塑造自然的活力与动感，增加景观中活跃的气息。流水在流动过程中，通过自然或人为的手段会产生悦耳的声响，使景观不仅可看可游，还可听可赏。

流水的形态、声音变化不定，或者汹涌澎湃，或者安静平和；或者欢呼雀跃，或者静寂无声。这主要是由水量、流速来决定的。因此，在设计流水时，要对水在流动中的形态变化和声响变化进行充分的利用，以此营造流水的特有景观效果，来表现空间的氛围和特点。例如，自由式园景中的溪涧设计，应与自由随意的空间氛围相适应，因此，水面设置应狭而曲长，转弯处设置山石，让流水溅出水花。与之不同，规整式园景中的流水，应衬托规整、稳重的空间氛围，因此要整齐布置，水岸平整，水流舒缓。此外，还可以利用流水的走向组织流线，引导人流，起到空间指示与贯通的作用。营造流水时，需要布置水源、水道、水口和水尾。园内的水源可连接瀑布、喷泉或山石缝隙中的泉洼，留出水口；园外的水源，可以引至高处，或是用石、植被等掩映，再从水口流出，或者汇聚一起再自然流出。

虽然，流水景观不容易产生止水景观常见的水体混浊、藻类滋生等问题，可以有效地减少维护成本，但流水景观会对岸两侧产生一定的侵蚀作用，因此在驳岸的设计中应给予重视。

3. 湿地

湿地是指沼泽、滩涂或水草地，一般多存在于自然景观之中，大面积的人工景观也偶有应用。研究表明，湿地景观的生物多样性是极为丰富的，且对环境的过滤和净化作用也十分突出，对治理城市污染，改善当地环境有明显的作用。不过，湿地景观的美观性与亲和力普遍较差，不适用于人流密集的场地环境，应用时需注意与其他景观因素的配合。

4. 跌水、落水

跌水是指将水体分成几个不同的标高，自高处向低处跌落的水景形式。而水体在重力作用下，自高向低悬空落下的水景形式，则叫落水，或称瀑布。跌水、落水都是动态的垂直水景，视觉表现力较强，且容易和周边的地形造景相互结合，烘托设计主题。

瀑布造景多用于表现自然风格的设计理念，通过调节水量和落差，瀑布造景既可以表现“飞流直下三千尺”的气魄，又可以渲染“大珠小珠落玉盘”的妖媚。叠水景观比较接近有落差的阶梯状河道，其造型方式多样，能够完全与地形环境相融合，且层次感丰富，节奏感强烈，易于表现景观主题性区域。水帘一般是由连排细小的疏水孔流出，形成稳定细腻的落水效果，多与玻璃幕、石壁相结合，成为主体物或主体环境的背景景观。

在流水的汇集处、水池的排水处、水体的入口处等都可以设置瀑布。瀑布下落处一般都要设置积水潭，起到汇集水量的作用，并且保证水花不会溅出。实际上，瀑布不但具有观赏价值，还有一定的实用价值。例如，倾泻而下的水流可以为池中补充氧气，这有利于水生动植物的生长；瀑布下落搅起的浮游生物，也成为观赏鱼食物的重要来源。

5. 喷泉

利用压力使水自孔中喷向空中再落下的水景形式，就是喷泉，又被称为“水雕塑”，多为人工造景，自然界中也有少量存在，如美国洛基山的天然喷泉等。

喷泉造景的形态十分丰富，且随着技术含量的提高，各种高度、喷射方式、组合方式及音乐控制方式的喷泉广泛应用于城市公园、广场景观、社区景观等环境中，起到为景观画龙点睛的作用。

总体来看，喷泉造景主要分为水喷泉和旱喷泉两大类，水喷泉是指喷泉与周边水体相结合，形态自由多变，有壁泉、涌泉、雾泉、跳泉等多种形式；旱喷泉则多置于广场核心区，周边不设常态水体，通过定时喷射形成景观。旱喷泉与人的亲和力更强，由于受隐藏喷口的限制，一般造景方式都相对简单，多为垂直高度喷射，因此也会成为令人瞩目的视觉焦点。

设计喷泉的形式，其考虑因素包括功能设置、时空关系、使用对象等。如果是单个设置，一般布置于湖心处，形成高射程喷泉。如果要形成喷泉群，可布置在大型水池组中。当然，喷泉还可以和其他景观要素组合成景，如采用旱喷泉、音乐喷泉与地面铺装相组合，游人可在其中嬉戏。其中，音乐喷泉已突破了传统景观意义，它具有动态的表演特征，对此，应该在喷泉的周围留出一定的观赏距离。

（二）人工水景设计的构筑物

这里的构筑物，主要说的是与水景设计直接相关的构筑物，如水岸、桥梁、岛屿、汀步、亲水平台。

1. 水岸

水岸，水为面，岸为域。水岸是设置亲水活动的场所，人近距离欣赏水景，主要以它为支撑点。

水体驳岸是水域和陆域的交接线。人们在观水时，驳岸会自然而然地进入视野；接触水时，也必须通过驳岸，作为到达水边的最终阶段。自然水体的水岸通常覆盖的是植被，以此稳固土壤、抑制水土流失。同时，由于水岸是水陆衔接之处，它也就成为水生动植物与陆生动植物进行转换的生态敏感区。因此，水岸空间形式的设计，必须结合所在具体环境的艺术风格、地形地貌、地质条件、材料特性、种植特色以及施工方法、技术经济要求来选择，要综合考虑岸边场地的使用功能、亲水性、安全性和生态性等因素。在实用、经济的前提下注意外形的美观，挺其与周围景色相协调。在现代环境景观设计中，水岸的设计大致可以分为人工化驳岸和自然式驳岸这两种类型。

（1）人工化驳岸

用人工材料，如砖、水泥、整形石材等砌筑的较为规整的驳岸，即人工化驳岸。一些对防洪要求较高的滨水区，如城市主河道、陆地标高较低的湖滨海滨等区域，通常需要设计人工化驳岸。另外，还有集中公共活动的水岸，建有邻水建筑的水岸，规整式景观中的各种水池驳岸等。

人工化驳岸为了体现出亲水活动的参与性与丰富性，其岸线一般较为规整，陆地一侧的空间较大，供游人表演、聚会；如果与水面有一定的高差，通常还要设置栏杆，同时可以设置一些座椅等休息设施。

（2）自然式驳岸

完全或局部保留水岸原有的岸线形式及岸边土地、植物，或是模仿自然的水岸形态建造的驳岸，称为自然式驳岸。自然风景园中的一些湖泊、池塘，或是自由式布局的一些小型水景，比较适合采用自然式驳岸。

自然式驳岸，顾名思义，讲究自然，其岸线一般为自由的曲线，不拘一格，采用的地面材料来源广泛，如沙地、沙石、卵石、木头、土面、草地、灌木丛等。与人工化驳岸不同，自然式驳岸与水面的高差不大，因此可以设置自然缓坡从水面过渡到陆地，起固土作用的主要是一些卵石或植被的根系。由于自然式驳岸没有或者很少有人为因素的介入，因此它能够保留水生动植物原有生态系统的完整性，也就更能充分体现一种和谐的水岸关系。自然式驳岸通常可以和散步道相结合，使游人既可以贴近大自然，又可以保证行走的便利性。

2. 桥梁

在水景中，架设桥梁可以增加水景的层次，打破水面单一的水平景观，从而丰富垂直空间。桥梁可供游人欣赏水景，还可与其他景观要素产生的倒影与水交相辉映，随着水的流动，或因光影的移动，可以产生无穷的变化。

3. 岛屿

在人造水景设计中，岛屿是重要的构景手段，也是极富天然情趣的水景，主要适用于成片水体中。

设置岛屿可以增加水面边缘面积，同时有利于种植更多的水生植物，也为动物栖息提供更多的空间和良好的环境。岛屿的设置，根据功能可分为上人岛屿和不上人岛屿这两种类型。上人岛屿应适当布置一些人的活动空间，有一定的硬地铺装面，可设高台、亭、塔等观景构筑物；不上人岛屿一般以植被造景为主，营造出一种远观的自然景观效果，通常成为鸟类等动物的天堂。设置岛屿的时候，要特别注意它与水面的比例关系，否则会破坏整个水面的协调感。

4. 汀步

汀步，或叫“掇步”“踏步”，是步石的一种类型，是指在浅水中按一定间距布设的块石，其微露水面，使人跨步而过。

汀步是一种渡水、亲水设施，如同桥梁一样，可以将游人引人另外一处景致，但它比桥梁更加接近水面，质朴自然，别有情趣，在不适合建桥的地方可以用汀步代替桥梁。汀步属小景，但并不是指可有可无，恰恰相反，却是更见“匠心”。汀步的用材多选用石材，有时也可以使用木材或混凝土等。其造型可以是规整的石板，也可以是随意放置的石块。将步石美化成荷叶形，因此又称为“莲步”。汀步表面平整，适宜游人站立和观景。

5. 亲水平台

为了满足观景、垂钓、跳水、游船等活动的需要，在水边观景的最佳位置通常设置一些平台，即亲水平台。

亲水平台使人可以选择一个最佳的位置和角度与水接触。较小的亲水平台，其材料多以木质为主，用架空的方式置于水边，也有伸入水的形式，如栈桥。较大的亲水平台，为了满足大量人流的聚集，通常使用混凝土等更为坚固的材料修筑，还可以设置一些休憩设施，如座椅、台阶等。中国古典园林中，还有一种亲水平台称为“矶”，面积一般很小，用一块整石砌于岸边，其表面通常打凿得粗糙，主要是为了防滑。

（三）人造水景设计的影响因素

人造水景设计要考虑三个主要因素：水体的位置、水体的形态、水体的尺度，并对其进行有针对性的设计。

1. 水体的位置

水体的位置选择要结合水源位置，符合整体景观的设计意图和观赏的视线与角度要求。设计时如果想要获得梦幻般的倒影，那么就应该将水面设置在平坦开阔之处，并设置一定的观赏距离，在位置上应该考虑可能将其他建筑物映入水中的因素。如果想取得曲径通幽的效果，那么水体造景可设置在僻静、隔离之处，使之形成一处较为独立的空间。

选择水体位置的基地条件对水体景观的形成具有重要影响。例如，水体位置如地处低洼积水处，应该考虑在该地安排较为宽阔的水景；水体位置如有自然落差，应该考虑在该地设置瀑布水景；针对自然缓坡地段，则应该尽量考虑设置流水景观。

2. 水体的形态

水体的形态大致可分为规整式和自由式两种。

（1）规整式水景

规整式水景的水体通常采用的是规整对称的几何形状。为了与规整式水景协调和强化风格，在设置通道、植被、小品的时候，也经常采用较为规整的形式，水池边缘样式统一、棱角分明。大规模的建筑群、大型公共建筑物的配景设计就经常采用规整式水景。此外，欧洲古典园林设计和纪念园林等也常用规整式水体景观。在住区设计中如果采用规整式水体，由于住区面积较小，规整式水体的尺度也缩小，并为了形成与人亲近的景观，还会设置一些座椅、雕塑等。

（2）自由式水景

自由式水景的形式不拘一格，其水体的岸线是自由随意、随景而至的，如蜿蜒流动的溪流、垂直倾泻的瀑布，而且经常设置一些岩石、曲折的小径、浓密的植被。自由式水景的形态设计技巧是水体忌直求曲、忌宽求窄，窄处收缩视野，宽处顿感开阔，节奏富于变化。

3. 水体的尺度

水体的尺度，大的有千里，如洞庭湖；小的则只有一方。或大或小，各有韵味，但水体尺度的设置要因地制宜、因需而定、因景而成，切不可盲目求大。例如，苏州园林本身的面积不大，因此设置水体景观的面积也受限制，但是园内掘土成池，四周又布置石块、亭子，水体、山石、建筑物的尺度构成合理，由此获得了微小但精致的水体景观。大型水面空无一物会显得单调乏味，因此可以将其划分为几处水面，或者设置水口，或者在窄的地方假设桥梁，或者放置船只，增加层次感及进深感，形成了丰富的空间效果。

四、滨水植物景观的设计

滨水植物可以使水体造景充满活力、生机盎然，其种植设计是水体造景设计的一个重要组成部分。滨水植物的功能在于其可以护岸、维护生态环境、净化水体、提高生物多样性以及提供观赏等。滨水植物种植设计除了参照一般的植物规划原则外，还有一些特殊要求。

（一）滨水植物的类型

按照不同的位置以及植物所发挥的不同功能来分，滨水植物可以划分为水边植物、水下造氧植物、漂浮类植物和喜湿植物。

1. 水边植物

水边植物主要指的是生长在池边浅水中的植物，它的茎和根通常成为微小水生物的栖息地。水边植物通常生长得很浓密，极富装饰效果，可以成为池边的绿色屏障。不同的水岸形态与多种多样的水边植物，可以组合成丰富多样的亲水空间。

2. 水下造氧植物

水下造氧植物生活在水中，可以为水中的微生物、鱼虾类等提供氧气和保护地，同时还可以消耗掉水中多余的养料，防止杂草丛生的水藻类的繁衍，减少绿色水体的生成。有些水下造氧植物，如莲花、荷花的叶片和花朵漂浮在水面，具有观赏价值，而且占用的水面面积可大可小，成为水面观赏的焦点。

3. 漂浮类植物

漂浮类植物根不着生在底泥中，体内具有发达的通气组织，或具有膨大的叶柄（气囊），以保证与大气进行气体交换，整个植物体就浮在水面，为水面提供装饰和绿荫。这类植物生长、繁衍迅速，随水流、风浪四处漂泊，能够比睡莲更快地提供水中遮盖装饰。同时，漂浮类植物还具有实用功能，它们既能吸收水里的矿物质，同时又能遮蔽射入水中的阳光，所以也能够抑制水体中藻类的生长。但是，由于漂浮类植物生长、繁衍特别迅速，又可能成为水中一害，所以需要定时用网捞出一些，否则会覆盖整个水面。因此，也不要将漂浮类植物引人非常大的水面，否则清除困难，会影响整个水体景观效果。

4. 喜湿植物

喜湿植物一般生活在水边湿润的土壤里，或者生活在适宜的泥潭或池塘里，但根部不能浸没在水中。可见，喜湿植物不是真正的水生植物，只是它们喜欢生长在有水的地方，根部只有在长期保持湿润的情况下才能旺盛生长。通常，多种喜湿植物的栽植在水边组成浓密的灌木丛，成为水陆间柔和、自然的过渡。喜湿植物品种繁多，常见的有樱草类、玉簪类和落新妇类等植物，另外还有柳树等木本植物、红树植物。

（二）滨水植物景观设计的要求

1. 因“水”制宜，选择植物种类

在进行滨水植物景观设计时，要以水休环境条件和特点为依据，因“水”制宜地选择合适的水生植物种类进行种植。例如，针对大面积的湖泊、池沼，既考虑观赏价值又考虑生产成本，可种植莲藕、芡实、芦苇等。而一些较小面积的水体，则凸显观赏价值即可，选择一些点缀种植水生观赏花卉，如荷花、睡莲、王莲、香蒲、水葱等。

不同的水生植物，其生长的水体深度也不同。水生植物按其生活习性和生长特性，分为挺水植物、浮叶植物、漂浮植物、沉水植物等类型。

挺水植物只适宜生长于水深 1 m 的浅水中，植株高出水面。因此，较浅的池塘或深水湖、河近岸边与岛缘浅水区，通常设计挺水植物可丰富水体岸边景观（如荷花、水葱、千屈菜、慈姑、芦苇、菖蒲等）。

浮叶植物可生长于稍深的水体中，但其茎叶不能直立挺出水面，而是浮于水面之上，花朵也是开在水面上。所以设计多种植于面积不大的较深水体中可点缀水面景观，形成水面观赏焦点（如睡莲、王莲、芡实、菱角等）。

漂浮植物整株漂浮生长于水面或水中，不固定生长于某一地点，因此，这类水生植物可设计运用于各种水深的水体植物造景点缀水面景色，且可以有效净化水体，吸收有害物质（如水浮莲、凤眼莲等）。

沉水植物植物体全部位于水层下面，因此，这类水生植物可设计运用于富营养化的湖泊、湿地有利于在水中缺乏空气的情况下进行气体交换（如苦草、金鱼藻、狐尾藻、黑藻等），有些沉水植物的花朵还可以点缀水面景观。

水生植物的选择，除考虑水体深浅外，还要讲究多种植物的搭配。设计时，既要满足生态要求，又要注意主次分明，高低错落，在形态、叶色、花色等方面的搭配都应该协调，以此取得优美的景观构图。例如，香蒲与睡莲搭配种植，既可取得高低姿态对比、相互映衬的效果，二者又可协调生长。

2. 水生植物占水面比例适当

水体种植布局设计总的要求是要留出一定面积的水面，并且植物布置有疏有密，有断有续，富于变化，由此获得生动的水面景色。例如，在河湖、池塘等水体中进行水生植物种植设计，不宜将整个水面占满，否则不但造成水面拥挤，而且无法产生水体特有的景观倒影效果。较小的水面，也不应在四周种满一圈，植物占据的面积以不超过 1/3 为宜，否则会显得单调、呆板。

3. 控制水生植物的生长范围

种植设计时，一定要在水体下设计限定植物生长范围的容器或植床设施，以控制挺水植物、浮叶植物的生长范围。如果不加以控制，水生植物就会很快在水面上蔓延，进而影响整个水体景观效果。针对漂浮植物，可选用轻质浮水材料（如竹、木、泡沫、草素等）制成一定形状的浮框，这不但可以限制其生长范围，而且浮框可以移动，使水面上漂浮的绿洲或花朵灵活变化出多种形状的景观。

4. 布置水边植物种植

在水体岸边布置植物时，要根据水边潮湿的环境进行选择。例如，可以种植设计姿态优美的耐水湿植物如柳树、木芙蓉、池杉、素馨、迎春、水杉、水松等。这些植物可以美化河岸、池畔环境，继而丰富水体空间景观。

在水体岸边种植低矮的灌木，也可以获得别样的景观。它们不但可以遮挡河池驳岸，还可以使水岸显得含蓄、自然、多变，继而获得丰富的花木景观。

如果选择种植高大乔木，则通常可以创造出水岸立面景色和水体空间景观对比构图效果，同时获得生动的倒影景观。当然，也可以适当地设置一些亭、榭、桥、架等建筑小品，起到点缀的作用，进而增加水体空间的景观内容，也可以给游人提供游憩的设施。

水景的维护和管理是保证水景效果的必要环节。对水景实施维护和管理主要应从下列几个方面来进行，即保证水质，对水底、水岸进行定期的维护，养护好水生动植物，进行季节性保养，对池中设施进行定期检修，制定管理制度，落实管理人员等。

第二节　水体造景设计的原则

水体造景是相对独立的景观系统，是景观设计中的重要组成部分。它涉及水的供给和灌溉、气候的调节、防洪以及动植物生长与环境美化等需求，融合了地理学、植物学、景观生态学、环境经济学、艺术学等多学科。水体造景设计应以体现地方的特色风貌，反映地方文化及体现开放、发展的时代精神为基本点，立足山水园林文化的特征，创造具有时代感的、生态的和文化的景观。具体而言，水体造景设计应遵循下列原则。

一、自然性原则

水体造景设计要体现自然形态，保护环境的自然要素，要因“水”制宜，追求自然，体现野趣，既要考虑到工程的要求，又要考虑景观和生态的要求，不能简单地把景观林设计搬到水体造型设计中来，要依照地形特点和水体特点设计出各具特色的景观。

所以说水体最好设计成曲状，在古典园林营建中很重要的一条原则是“师法自然”，即在设计中要遵循大自然的规律，纵观大自然中的河流、小溪，它们大多蜿蜒、曲折，而这样的水景更易于形成变幻的效果。尤其在居住区中更易于设计成仿自然的曲水。然而，在现实生活中，很多人将水体设计成笔直的，也许是想体现人工美、人工征服自然的能力吧。

此外，自然性原则中还要做到顺下逆上。“下”与“上”是一种相对的关系，宜“下”不宜“上”是指设计的水景应尽可能与自然中的万有引力相符合，不要设计过多的大喷泉，因为喷泉需要能量来支持其抵消重力影响，这需要耗费大量的人力、物力、财力。因此，在现实中充分利用重力的作用，用尽可能少的能量来建造尽可能美的景观。这是对设计师创新能力的考验。

二、生态性原则

水体造景设计应满足生物的生存需要，适宜生物生息、繁衍，遵循生态性原则。如今，生态问题已经是当代人类面临的最为严重的环境问题，因此生态性原则也就理所当然地成为首要原则。在设计时，用水要节制，维持水的自然循环规律；对水质进行生态处理时要充分利用生物生态修复技术，使其具有自动恢复功能；在水体中养殖不同的动植物，以此形成多层次的生物链等。

在水资源缺乏的地区，虚的水景也是一个很好的解决办法。虚水景相对于实际水体而言，是一种意向性的水景，是利用具有地域特征的造园要素，如石块、沙粒、野草等仿照大自然中自然水体的形状建造而成。这样的水景对于严重缺水地区水景的营建具有特殊的意义，同时，这样的水景更易于带给人更多的思考、更多的体验。这也许是真实水景所无法比拟的，因为真实的水景往往只能带给人们一种视觉上的满足。

三、实用性原则

水体造景设计的实用性主要表现在以下几个方面。水本身具有实用特性，充分利用这个特点，使水景设计不仅具有观赏性，而且具有经济效益，服务于人们的生产和生活，如小区人口的水景设计就结合了实用性和观赏性。水景设计应以人为本，要充分考虑并满足人们的实际需要，而不是仅仅作为“形象工程”在特定时段象征性地设计。

四、安全性原则

水体造景设计还要考虑安全性，有时候甚至要满足防洪的要求。例如，河流的一个重要功能是防洪，为此，人们采用了诸如加固堤岸、河道衬砌等施工措施来保证安全。出于生态、美学等方面的考虑，人们对传统工程措施进行了许多改造，如采用生态河堤，使防洪设施及环境成为一个良好的景观。

在水体造景设计时，应多考虑设计小的水体。也许大水体更能让人感觉到水的存在，更能吸引人们的视线，可是建成后的大水体往往会出现很多问题。大水体的养护困难，可能是设计师在设计之初所没有考虑到的；大水体往往让人有敬而远之的感觉，缺乏亲和力；大水体通常是靠人工挖掘，因此大多是“死水”，一旦发生水体污染问题，后果非常严重。而小水体不仅容易建造，而且易于满足人们亲水的需求，更能调动人们参与的积极性；在后期的养护管理中，小水体便于更好地养护，在水体发生污染的情况下，小水体更易于治理。

五、可行性原则

在进行水体造景设计时，不同类型的水体所需能量和运营成本都不同，应综合考虑各种因素，保证系统运行的可行性。可行性具体表现在地域条件的可行性、经济的可行性、技术的可行性。

地域条件的可行性结合所在地域的条件来设计水景的类型与规模，充分考虑实际建成的效果和可持续使用情况。

经济的可行性大型音乐喷泉的设计，需要大量的资金进行使用和维护，因此欠发达地区不宜建设此类型的喷泉。

技术的可行性无论是自然水景中的借水为景，还是人工水景中的以水造景，均离不开现代技术的综合协调。

六、整体性原则

水景是水体造景系统中的一部分，具有整体性效果。例如，河流通常就是一个有机整体，其各段相互衔接、呼应，各具特色，联成整体。一般而言，人不仅对水有亲近的愿望，对线状的水体特别是河流具有溯源的心理。设计中常与墙、柱等建筑元素组合起来运用，使水体周边的空间成为最吸引人的休闲娱乐空间，进而取得连续而生动的整体效果。

七、创新性原则

水体造景设计，其本质及作品的生命力在于自身的创新。如今，水景设计越来越重视民族特色、地域特色、项目特色和设计师风格。水景设计要体现创新性，可从水的类型、组合方式、设计观念、方法、技术等多方面人手。

八、美观性原则

水体造景设计水景时，要求美观，符合形式美的规律，如体现统一与变化、比例与尺度、均衡与稳定、对比与协调、视觉与视差等，以此迎合人们的欣赏习惯，激发其参与的兴趣。在水景设计中，设计师表达自己的设计意图和艺术构思，通常需要运用相应的构图经验和形式美的规律，同时发散自己的设计思维，敢于打破常规，以期获得丰富多彩的景观。

九、文化性原则

不同地域的滨水环境具有不同的文化特征，水景设计应体现各地区特有的文化性。文化意境的表现并不是取决于水景的大规模和豪华的装饰，而是取决于设计者的文化修养及其对设计要素的驾驭能力。例如，北京香山饭店和苏州博物馆新馆就精妙地表现了设计者对中国传统山水文化现代性的把握和驾驭。

十、循序渐进的原则

水体造景设计应当遵循循序渐进的原则，其规划设计方法要具有一定的弹性空间。因为滨水区的规划和建设通常受到技术条件、经济条件的制约，对此可以先选取局部地块进行启动，营造环境景观，带动周边地区经济升值。循序渐进地进行开发，最终完全实现滨水区的利用。

十一、亲水性原则

亲水性是人们观赏、接近和触摸水的一种自然行为。加上现代人文主义的影响，现代水体造景设计更多地考虑了人与生俱来的亲水特性。因此，在水景设计中要遵循亲水性原则，提供更多位置能直接欣赏水景、接近水面、满足人们对水边散步、游戏等的要求，减少人与水之间的障碍，缩短两者间的距离（小于 2 米），尽可能增加人的参与性。例如，滨水亲水岸的魅力就在于它通过视觉、听觉、触觉而为人所感受。需要注意的是，水景的亲水性越好，参与活动的人会越多，对环境的影响也越大。

第三节 水体景观的设计规律与方法

在进行水体造景设计过程中，水景设计、构筑物设计、绿地景观设计存在不同的立意、功能、模式和侧重点，其具体的设计方法也就有所不同。

一、水体造景的规律

水体造景对技术的要求较高，在具体方案中，如何体现水体造景的特点，发挥水体造景的景观优势，利用各种设计手法以达到事半功倍的景观效果，正是本节要阐述的内容。

第一，把握合理的尺度和形态。水体造景是整体景观环境的有机组成部分，因此，在设计过程中，我们要系统地考虑水体与其他景观构成要素之间的相互关系，合理控制水面或水流的尺度，切忌过度。同时，还应注意景观所在环境的气候特点，如在类似北京这样的北方城市设计人工水体，就必须考虑到其相对干燥的气候、春秋季风沙强烈、空气中尘埃量大、冬季封冻和水资源较短缺等一系列特点，较适宜采用单位面积小、深度浅、可循环、维护简便的水体景观形态。

第二，注意驳岸和边界的处理。水体景观的设计重点是其如何与周边环境相结合。因此，对于水体驳岸和边界的处理就显得尤为重要。

驳岸与边界的材质选择和造型方式会直接赋予水体景观以性格，例如，粗糙原始的石砌驳岸可以表现回归自然的韵味；卵石与沙滩边界会产生闲适、淡雅的格调；原木甲板与步道容易体现细腻、温暖的感受；而均齐规整的花岗岩边界则营造严肃、理性的氛围。

驳岸与水面的高差关系也会影响到人与水景观的亲和度，高差过小水容易溢出，而高差过大则使人难以接近。一般来说，岸线的平均高度以人伸手能触及水面为宜，在某些环境下，还要注意考虑儿童、老人、残疾人的特殊需求。

第三，灵活运用各种水景类型。如前文所述，水体造景存在多种类型，每一种类型都有自己的优势和特点。因此，我们在具体方案的设计中，应综合考虑场地内的各种因素，力求以层次丰富、动静结合的模式，组合运用止水、流水、落水、喷水等处理手法，避免拘泥于某一种固定的形态，防止呆板和乏味，以营造丰富多彩的景观环境。

第四，“曲则生情”的情感因素。水是有表情的景观构成元素，中国古代常以水喻君子。在塑造水体景观时，我们应尽量将水的情感因素纳入我们的设计理念，本着“曲则生情”的造型手法规划水体边界，避免直白简单。在很多景观作品中，即便在水体本身难以表现曲线美的情况下，设计师也往往会利用曲折的游廊、弯曲的拱桥，甚至成片的莲荷塑造水的表情，并成为整个景观环境的视觉焦点。

第五，贯彻生态理念，节约水资源。我们在设计水体景观时必须考虑的另一个重要方面，就是要尽量减少不必要的浪费，注意节约有限的水资源；同时，在设计施工的每一个阶段都应贯彻生态文明的理念，保护场地环境内原有的生态平衡不被打破。使自己的设计作品能够可持续地存在和发展，这样不仅能够节约大量的日常维护成本，还能营造出真正美好、和谐的景观设计作品。

二、水体造景设计中水景设计方法

（一）借水为景

借水为景，即借助自然水景的设计，主要是指对水边的驳岸、水生动植物、公共艺术品等方面的设计。

1. 驳岸

驳岸从造型上可分为立式、斜式和台阶式；从材料的选择上可分为砖岸、土岸、石岸和混凝土岸。设计时应顺应地形，采取不同的设计方法。

坡度缓或腹地大的水域地段宜采用天然原型驳岸，以体现自然之美。

水域环境坡岸较陡或冲蚀较严重的地段采用天然石材、木材做护底，其上筑一定坡度的土堤，堤上再种植植被来增加驳岸的抗洪能力。

防洪要求较高、腹地较小的地段应采取台阶式分层处理，在自然式护堤基础上，加设钢筋混凝土挡土墙组成立体景观。

2. 水生动植物

对于动植物较多的水景区域，应尽量保持自然风味，减少人工干预；对于缺少水生动植物的地段，应根据气候条件、水体动静形态以及原生态景观形式来进行配置。具体而言，要符合生态性原则，兼顾经济效益；水边植物配置讲究构图；水上植物疏密相间，应留出足够的空旷水面来展示倒影；驳岸植物的配置考虑交通与视觉关系，藏丑露美；还要充分考虑季节因素，既有季相变化的植物，又有常绿植物，以此保持景观的连续性。

3. 公共艺术品

公共艺术品包括水边的雕塑、壁画、装置艺术及其他艺术形式的作品。作品的题材应反映特定的水文化主题，其形式、尺度、材质均以水为背景；设置的位置和场地布置应考虑到达性和观赏性。

(二) 以水造景

以水造景，即对人工水景的设计。人工水景形式多样，不同类型的水景在设计中所起的作用均不同，其设计方法与重点也不一样。以下主要针对静水、流水、跌水、喷水四种类型的景观进行设计。

1. 静水景观

人工静水景观包括人工湖、人工水池、水库、水田、水井等。其中水库、水田、水井体现更多的是实用性功能，而景观只是它们的附加功能或作为古迹遗存的一种表现形式。因此，静水景观设计的重点是人T湖和人工水池，以下主要对二者的池身设计、空间布局、水深设计、动植物养殖设计方法进行分析。

池身设计：池身主要有自由式、规则式、自由与规则结合式等设计形式。

空间布局：人工湖和水池的设计应从整体出发，布局具体从平面构成和立体空间两个方面的维度来进行，对水体进行空间上的整合。水景内部的各构景要素的构图、组合也可从传统园林中吸取有益的造景手法，同时结合自身形态的特征，迎合当代人的审美情趣，以期获得体现时代特色的视觉效果。

水深设计：从安全的角度出发，静水景观的水深宜控制在1.0 m以内，水面离池边应留有0.15 m高差。如果要供儿童游玩，水深不得超过0.3 m。种植水生植物的深度一般控制在0.1~1.0 m等。此外，造景的效果还受到水位的影响，因此水景中应设置自动补水装置和溢流管路。

动植物养殖：水生动植物的投放和种植，应考虑水体规模的大小。人工池水多为静止，其容量小、自洁力差，所以养殖的动植物不能超过正常范围，以免因动植物死亡而造成的环境污染。为获得倒影效果，水面植物不宜过多，应留出足够的空水面。

2. 流水景观

人工流水景观主要指运河、水渠和人工溪流等景观，常表现为线型，能起到串联景点、控制整体景观的作用。

运河：运河通常置身于自然环境之中，跨越多地区，与自然河流有异曲同工之妙。如今，对于运河的设计，人们只需对河道、堤岸及滨水带进行整治，同时适当添置人工造景元素。

水渠：水渠景观是一种典型的线型带状动水景观。按照不同的作用分为文化性水渠、综合性水渠两大类。文化性水渠，即为灌溉而开凿的古代水渠，如果配建其他旅游服务设施，就可以突出其历史性、纪念性等功能。针对综合性水渠，可以把水渠的形态特征作为设计的基本元素，结合跌水、瀑布、水池甚至喷水等形式，再加上现代造型手法，可以组合成动静配合、点线面交替、视觉心理有抑扬的综合性景观。

溪流：溪流是一种线型的带状流水景观形态，其规模和尺度偏大，形态表现出很强的自然特性。给溪流营造出不同的形态设计，采取的方法也有所不同。

缓流水流平缓，以光滑、细腻的材料砌筑而成，河床的坡度小于 0.5% 湍流水声随水流平面形态的变化而变化，以粗糙材料，如卵石、毛石来砌筑河床，制造水流障碍，导致湍流。

波浪一种立体形态上的变化景观。将河床底部做成起伏的波浪，另增置变化突然的河道宽度和流水方向，从而产生浪花。

总之，溪流水景的设计应根据场地的生态条件、各流经地段的特点、空间大小及周边环境景观等情况来确定其水体规模、流量、流态等。

3. 跌水景观

跌水景观主要是对产生跌水的构筑物进行的设计，形态千变万化。其出水口、跌水面、承水池的设计方法也各不相同。

出水口：出水口的常见形式有隐藏式、外露式、单点式、多点式、组合式。出水口的形状、数量与跌水面的关系对跌水的形态有很大影响，其本身也是形成景观的一部分。例如，出水口设计得宽且落差大时，可以形成水帘的效果；出水口设计呈外露管状时，则可以形成管流。

跌水面：跌水面的形式有滑落式、阶梯式、瀑布式、仿自然式和规则式，其中瀑布的形式有帘瀑、挂瀑、叠瀑和飞瀑等。设计跌水面时，重点注意其造型、尺度、色彩和朝向等，这些因素变化和组合可以形成不同的景观。例如，跌水面色深或背阳时，流水晶莹透明，光斑闪烁。

承水池：承水池的形态类似于人工水池或人工溪流。设计要点有以下几个方面。

第一，承水池的设置，应充分考虑其形状、大小、亲水性、周边动植物的配置，并要考虑与跌水面、出水口的协调。例如，承水池面积小，而跌水的流量大，就会使景观空间拥塞、局促；反之，承水池面积大，而跌水的流量小，又会使得水景效果不明显、主题不突出。

第二，为取得不同的水花、水声，制造明显的溅水效果和极具吸引力的水声，设计承水池时应该考虑在水落处设置不同形式、材料（常用石头或混凝土材质）的承水石。

4. 喷水景观

喷水景观的类型大致可分为旱地式喷泉、水池式喷泉、水洞式喷泉。

依据不同的标准，喷水景观还可以分为很多种类型。它们都由水源、喷头、管道和水泵四部分组成，其中对喷泉的形态起决定性作用的是喷头。按照喷头的不同形状可分为单射式线状喷头、球状喷头、泡沫状吸气喷头等，设计时应根据场地条件、水景规模和景观主题等因素来进行相应的选用。

三、水体造景设计中构筑物设计的方法

水体造景设计中，水体沿岸构筑物的形式与风格对整个水域空间形态的构成有很大影响。其设计方法和原则有以下几个重点：

第一，要确保沿岸构筑物的密度和形式不能损坏整体景观的轮廓线，并要保持视觉上的通透性。建筑物的形式风格要与周围环境相互协调。

第二，为了使人们方便前往不同的地点进行各种活动，应考虑设置能够方便到达滨水绿带的通道，同时注意形成风道引人水滨的大陆风。

第三，满足功能要求，满足防洪、泄洪要求；坚固、安全、亲水性好。

第四，体量宜小，造型应轻巧，宜采用水平式构图为主。

第五，色彩宜淡雅，材质朴实（小型建筑、景桥可采用木或仿木结构）。

四、水体造景设计中绿地景观的设计方法

在滨水区沿线建设一条连续的、功能内容多样的公共绿带，是水体造景设计的重点内容。滨水区的绿地系统包括林荫步行道、广场、游艇码头、观景台、赏渔区、儿童娱乐区等，要结合各种活动空间场所对其进行合理设置。

滨水区的植物选择应体现多样化的特征，使滨水区绿地景观更加丰富。其中群落物种多样性大，适应性强，也易于野生动物栖息。滨水区的绿化应多采用自然化设计，讲究地被花草、低矮灌丛、高大树木等的层次组合。另外，要增加软地面和植被覆盖率。

参考文献

[1] 郭雨，梅雨，杨丹晨. 乡村景观规划设计创新研究 [M]. 北京：应急管理出版社，2020. 09.

[2] 刘珊珊. 乡村景观规划设计研究 [M]. 北京：原子能出版社，2020. 06.

[3] 孙凤明. 城市郊区乡村景观规划研究 [M]. 石家庄：河北美术出版社，2020. 01.

[4] 路培. 乡村景观规划设计的理论与方法研究 [M]. 长春：吉林出版集团有限责任公司，2020. 04.

[5] 林方喜. 乡村景观评价及规划 [M]. 北京：中国农业科学技术出版社，2020. 06.

[6] 张宏图. 乡村环境规划与景观设计 [M]. 北京：原子能出版社，2020. 02.

[7] 严少君. 文化景观在美丽乡村规划中的应用研究 [M]. 北京：中国林业出版社，2020. 08.

[8] 曹宇. 快速城镇化地区乡村景观服务时空分异与可持续性管理研究 [M]. 杭州：浙江大学出版社，2020. 09.

[9] 何杰，程海帆，王颖. 乡村规划概论 [M]. 武汉：华中科技大学出版社，2020. 09.

[10] 庄志勇. 乡村生态景观营造研究 [M]. 长春：吉林人民出版社，2020. 07.

[11] 田勇. 景观规划与设计案例实践 [M]. 长春：吉林大学出版社，2020. 09.

[12] 石鼎. 文化景观视野中的乡村遗产保护 [M]. 北京：中国书籍出版社，2020. 09.

[13] 龙岳林，何丽波. 乡村产业景观规划 [M]. 长沙：湖南科学技术出版社，2021. 09.

[14] 李莉. 乡村景观规划与生态设计研究 [M]. 北京：中国农业出版社，2021. 06.

[15] 任永刚，齐昀，李珍瑶. 兴农视野下的乡村景观设计规划策略研究 [M]. 北京：中国商业出版社，2021.

[16] 张晓彤. 基于景观媒介的交互式乡村规划方法及其实证研究 [M]. 北京：中国城市出版社，2021. 09.

[17] 陈树龙，毛建光，褚广平. 乡村规划与设计 [M]. 北京：中国建材工业出版社，2021. 01.

[18] 郑辽吉. 乡村旅游转型升级与多功能景观网络构建 [M]. 沈阳：东北大学出版社，2021. 01.

[19] 安永刚. 乡村振兴背景下的文化景观和生态智慧 [M]. 北京：中国农业出版社，2021. 08.

[20] 刘娜. 美丽乡村空间环境设计的提升与改造 [M]. 北京：化学工业出版社，2021. 01.

[21] 张琳. 乡村景观与旅游规划 [M]. 上海：同济大学出版社，2022. 10.

[22] 郑文俊. 乡村振兴背景下桂北地区乡土景观保护模式与方法研究 [M]. 北京：企业管理出版社，2022. 11.

[23] 姜冬梅. 乡村振兴背景下乡村发展路径探索 [M]. 长春：吉林人民出版社，2022. 01.

[24] 张鸽娟. 乡村环境设计理论与方法 [M]. 北京：中国建筑工业出版社，2022. 05.

[25] 刘云慧. 农业景观生物多样性保护的景观途径 [M]. 北京：中国农业科学技术出版社，2022. 11.

[26] 冯年华，戴军，马颖忆. 新时代乡村振兴战略下的乡村规划发展与治理研究 [M]. 北京：科学出版社，2022. 09.

[27] 徐超，陈成. 乡村景观规划设计研究 [M]. 北京：中国国际广播出版社，2019. 07.

[28] 余凌云. 乡村景观规划设计的理论与方法研究 [M]. 长春：吉林美术出版社，2019. 04.

[29] 樊丽. 乡村景观规划与田园综合体设计研究 [M]. 北京：中国水利水电出版社，2019. 03.

[30] 吕桂菊. 乡村景观发展与规划设计研究 [M]. 北京：中国水利水电出版社，2019. 03.

[31] 高小勇. 乡村振兴战略下的乡村景观设计和旅游规划 [M]. 北京: 中国水利水电出版社, 2019. 08.

[32] 李士青, 张祥永, 于鲸. 生态视角下景观规划设计研究 [M]. 青岛: 中国海洋大学出版社, 2019. 03.

[33] 刘娜. 人类学视阈下乡村旅游景观的建构与实践 [M]. 青岛: 中国海洋大学出版社, 2019. 03.

[34] 王忞, 马翠霞. 基于地域文化的新农村景观规划与设计 [M]. 成都: 电子科技大学出版社, 2019. 05.